纺织新技术书库

纺织品防水防油剂

涂伟文　编著

中国纺织出版社有限公司

内 容 提 要

本书主要介绍了纺织品防水防油剂的基础知识、发展概况、加工技术、环保动向、检测方法和性能要求等内容。

本书可供从事纺织品、服装、印染、外贸跟单及生产加工等相关人员以及高等院校师生参考。

图书在版编目（CIP）数据

纺织品防水防油剂 / 涂伟文编著 . -- 北京：中国纺织出版社有限公司，2023.1（2025.9重印）

（纺织新技术书库）

ISBN 978-7-5180-9823-1

Ⅰ．①纺… Ⅱ．①涂… Ⅲ．①纺织品—防水剂②纺织品—防污剂 Ⅳ．①TS195.2

中国版本图书馆 CIP 数据核字（2022）第 163303 号

责任编辑：范雨昕　　特约编辑：陈彩虹
责任校对：工蕙莹　　责任印制：王艳丽

中国纺织出版社有限公司出版发行
地址：北京市朝阳区百子湾东里 A407 号楼　邮政编码：100124
销售电话：010—67004422　传真：010—87155801
http://www.c-textilep.com
中国纺织出版社天猫旗舰店
官方微博 http://weibo.com/2119887771
三河市宏盛印务有限公司印刷　各地新华书店经销
2025 年 9 月第 4 次印刷
开本：710×1000　1/16　印张：12.25
字数：195 千字　定价：88.00 元

前　言

目前，防水防油整理已经成为纺织品后整理加工最重要的类型之一。防水防油剂在纺织品中的应用日益广泛，从最初的普通防水延伸到满足防水防油、易去污、耐水压、防虹吸、防雨淋等众多要求，应用范围也从帆布、雨衣等单一织物拓展到服装服饰用纺织品、家用纺织品、产业用纺织品等领域。应用材质涵盖天然纤维和合成纤维，可用于纯棉、涤棉、涤纶、锦纶、维纶、丙纶、黏胶纤维等织物的后整理。

自 20 世纪 50 年代含氟防水防油剂问世，优异的综合性能使其迅速占据主导地位。21 世纪初，防水防油剂进入以全氟辛酸（PFOA）为替代目标的转换期，且逐渐由 C8 转化为 C6；同时去除全氟化合物（PFCs）的呼声也越来越强烈，无氟防水剂重新引起人们的关注。

作者从事防水防油剂的研究与开发工作十余年，深刻了解防水防油剂行业的发展和市场潜力，据目前粗略统计，我国的防水防油剂年需求量为 18000～20000 吨，近年来，我国防水防油剂产品迅速崛起，包括上游原料、乳液聚合、生产应用、品质管控等，产业链越来越完整，并具有一定的竞争优势。

本书在编写过程中，参考了国内外相关文献、专利等资料，在此对原作者表示感谢，同时感谢中国印染行业协会董淑秀副秘书长帮忙协调图书出版的相关工作。本书编写中李宝洲参与了部分工作，外文文献的翻译、大部分图片的绘制由赵凯完成。在此一并表示诚挚的感谢！

防水防油剂是纺织品后整理中仅次于有机硅的一个大门类，技术性和专业性非常强。由于篇幅和作者水平所限，书中疏漏之处在所难免，欢迎广大读者批评指正。

涂伟文于上海
2022 年 5 月

目　录

第1章

纺织品防水防油剂概况

1.1 防水防油剂的定义

"防水/防油"和"拒水/拒油"的概念不同。防水/防油英文名：water/oil proof，防水/防油整理是将不透气的连续成膜的化合物涂布在织物表面，使织物上的微孔全部被堵塞，一般通过涂层（coating）或者复合（laminated）工艺来实现。拒水/拒油英文名：water/oil repellent，拒水/拒油整理则是将具有疏水/疏油性基团的化合物沉积在纤维表面，或使疏水/疏油基团与反应性基团并存的化合物与纤维表面发生反应，使织物仍保留微细孔隙（保持透气性能），即仅降低织物表面（自由）能，从而达到水或油不能透过织物的目的。本书阐述的"防水防油剂"，学术术语其实应该是"拒水/拒油剂"（有时也称"拨水拨油剂"），因为行业内特别是使用此产品最多的印染工厂，几十年都习惯了"防水防油剂"的叫法，固本书沿用了这一通俗叫法。

"三防"主要指防水、防油、防污。最常用的是美国标准防油评价方法AATCC 118—2013《拒油测试——抗碳氢化合物》；国家标准耐沾污测试方法GB/T 30159.1—2013《纺织品 防污性能的检测和评价 第1部分：耐沾污性》。行业内有时会把三防说成：防水、防油、易去污，这是不妥当的。

"DWR"或俗称超防水、超拨水（durable water repellent）。主要指耐久防水，一般要求水洗10次、20次或者30次以上，还有良好的防水性能。

"易去污"是在防水防油基础上改性的另一种含氟功能整理，英文名：stain release或者soil release。使传统的防水防油整理物一旦沾染污渍后在水中易于清洗。

"三防+易去污"是双重功能整理（dual action）。既有很好的三防性能，也有优异的易去污性能，是含氟织物整理剂高级的整理，主要用于工装、校服等场合。

1.2 防水防油剂的应用

防水防油剂在纺织上的应用，从最初的普通防水延伸到防水防油、易去污、耐水压、防虹吸、防雨淋等众多要求，品类也从帆布、雨衣等单一织物拓展到多种服装、鞋、家用纺织品、非织造用品等众多品类。应用材质涵盖天然及化学纤维，可用于纯棉、涤/棉、涤纶、锦纶、维纶、丙纶、黏胶纤维等织物的整理加工。防水防油材料的性能要求见表1-1。

表1-1 防水防油材料的性能要求

分类		防水防油要求
服装	羽绒服/滑雪服	防水、防油、DWR
	冲锋衣	DWR、耐水压、防雨淋
	皮肤衣	防水
	风衣	防水、防油、防污
	衬衫	防水、防油、易去污、防热饮
	工作服/制服	防水、防油、易去污
	牛仔服、西服	防水、防油、防污
	沙滩裤	防水、耐水压
	抓绒衣/卫衣	DWR
	T恤	防水、防油、防污
其他纺织品	箱包/背包、雨伞	防水
	浴帘、帐篷	防水、耐水压
	植绒布、衬布、羽绒、拉链、手套	防水
	帆布	防水、耐水压
	织带	防水、防虹吸

续表

分类		防水防油要求
鞋材	真皮、超纤革、纺织布	防水、防虹吸
家用纺织品	桌布、沙发、墙布	防水、防油、防污
	被套/床单	防水、防油、易去污
非织造用品	手术衣/防护服	防水、防油、防血液、抗酒精
	袋式除尘、空气过滤、汽车内饰	防水、防油、防污

1.3 防水防油剂的发展

1.3.1 发展历程及特点

按照防水防油剂各个阶段的特点，将其发展分为四个阶段（表1-2）。

表1-2　纺织品防水防油剂的发展历程

阶段	时间	特点	环保规制	主要事件及历程
第一阶段（防水剂初步发展期）	20世纪30~50年代	1. 以普通防水为主 2. 出现半耐久，不防油	甲醛	1. 改进石蜡—铝皂类型水剂 2. 20世纪30年代，英国ICI公司开发出吡啶季铵盐类防水剂，商品名为Velan PF 3. 20世纪40年代，Dupont提出配价络合型防水剂，商品名为Quilon 4. 20世纪40年代，美国道康宁最早提出有机硅防水剂 5. 20世纪50年代，原Ciba-Geigy商品化羟甲基类防水剂，如Phobotex FT、FTS、FTG

续表

阶段	时间	特点	环保规制	主要事件及历程
第二阶段（防水剂快速发展期）	20世纪50年代~20世纪末	1. 含氟防水防油剂异军突起，占据主导地位 2. 以C8防水防油剂为主	APEO VOC AOX	1. 1950年Dupont开发PTFE乳液处理纺织品 2. 1951年3M公司合成了全氟辛烷与三氯化铬的络合物 3. 1951~1953年3M公司合成了丙烯酸全氟烷基酯乳液 4. 1956年3M公司推出Scotchgard品牌，首先把含氟共聚物作为织物整理剂商品投放市场 5. 1968年日本大金推出了UNIDYNE 6. 1971年日本旭硝子推出Asahiguard同类产品，德国Hoechst公司的Nuva，法国Atochem公司的Foraperle等 7. 1995年大金与传化共同开发国内市场，一直占据主导地位
第三阶段（PFOA为替代目标的转换期）	2001~2025年	国外：C8向C6转换的关键期；部分品牌转向无氟 国内：C8防水剂的鼎盛期	PFOS PFOA	1. 2001年3M宣布退出PFOS/PFOA商业活动，生产C4防水防油剂 2. 2006年美国EPA PFOA Stewardship Program启动，大金、杜邦等8社承诺削减PFOA 3. 2009年山东中氟C8单体实现国产化 4. 2011年7月，NGO绿色和平发布《时尚之毒——全球服装品牌的中国水污染调查》，开启了品牌无氟化的序幕 5. 2015年12月底，全球主要含氟防水防油剂制造商停止C8的生产和销售 6. 2017年四川西艾氟C6单体实现国产化

阶段	时间	特点	环保规制	主要事件及历程
第三阶段（PFOA 为替代目标的转换期）	2001~2025 年	国外：C8 向 C6 转换的关键期；部分品牌转向无氟 国内：C8 防水剂的鼎盛期	PFOS PFOA	7. 2020 年国产 C8 单体生产厂家达 4 家，产能 3000t/a，趋于过剩 8. 2021 年 3M 停止生产和销售 C4 防水防油剂 9. 2021 年福可新材料（上海）有限公司建成年产 2000t C6 防水防油剂生产线，开启环保型防水剂的国产化之路
第四阶段（PFCs Free 的彻底化）	2025 年以后（预计）	国外：C6 向无氟转换 国内：C8 → C6（2025）	PFCs	1. 预计 2025 年以后欧洲将开始禁止使用 C6 防水剂 2. 预计 2025 年以后国内将禁止使用 C8（PFOA）防水防油剂

20 世纪 30~50 年代是防水剂初步发展期。这个时期，欧美一些国家改良了传统防水剂，开发了一些无氟类的新结构，用于普通或者半耐久防水，但不具备防油性。

20 世纪 50 年代~20 世纪末，防水防油剂进入快速发展期。伴随着含氟防水防油剂的问世，因其优异的综合性能，迅速占据主导地位，独领风骚至今。同时随着对服装服用性能要求的提升，拓展到三防、易去污、DWR、高耐水压、防血液、抗酒精、防虹吸等高性能要求，还和免烫、抗菌、防紫外等功能整理进行复合成为更高级的功能整理。

20 世纪初开始，进入以 PFOA 为替代目标的转换期，同时去 PFCs（全氟化合物）的声音也越来越响亮。当然在这个阶段，随着 2016 年国外公司停止生产和销售 C8 防水防油剂，国产 C8 防水剂进入鼎盛时期，目前国内市场还是以 C8 为主。2017 年由四川西艾氟率先将 C6 单体国产化，具备了和国外防水剂竞争的条件。

预计 2025 年以后，欧洲将率先实现防水防油剂"PFCs Free"。历经 100 多年，又回归到无氟的时代。预计 2025 年国产 C8 停止使用，后续会开始使用 C6 和无氟试剂，至于后面的发展，现在也难以预料。

1.3.2　国外发展情况

20 世纪 30 年代，反应性脂肪族化合物类防水剂初起（第 6 章会重点介绍）。它是应用一端有反应性基团的长碳链化合物为改性剂，对纺织品进行化学表面改性，使其获得半耐久或耐久的防水效果。主要商品有英国 ICI 的 Velan PF（吡啶季铵类）、杜邦的 Quilon（金属络合物类）、Ciba 的 Phobotex FT/FTS/FTG（三嗪类）等。

20 世纪 40 年代~50 年代中期，有机硅防水剂进入纺织工业。最初用于处理涤棉混纺和醋纤织物作雨衣。反应性聚（甲基含氢）硅氧烷（PMS，简称含氢硅油）是有机硅防水剂的主体，与聚二甲基硅氧烷（PDMS，简称二甲基硅油）或羟基硅油合理混拼，可获得良好的综合效果，由此成为有机硅类防水剂的基本组成。但有机硅防水剂也未能成为市场主流。

20 世纪 50 年代，有机氟防水防油剂成功开发并快速发展。最早应用含氟聚合物赋予纺织品防水防油性能的是杜邦公司于 1950 年申请的聚四氟乙烯乳液处理纺织品的专利，但由于聚四氟乙烯的成膜温度大幅超过常用纤维的熔融温度而未能获得开发。美国 3M 公司于 1951 年首次合成了全氟辛酸与三氯化铬的络合物 Scotchgard FC-805，继而于 1951~1953 年合成了全氟烷基丙烯酸酯的乳液，1955 年后，防水防油整理剂商品正式推向市场，如 Scotchgard FC-208 等。德国 Hoechst 公司、法国 Atochem 公司等相继开发了同类产品 Nuva 和 Foraperle，日本大金公司于 1968 年推出了 Unidyne，日本旭硝子公司于 1971 年推出了 Asahiguard 系列商品。

其中杜邦公司和 3M 公司分别依靠其知名品牌特氟龙（Teflon）和思高洁（Scotchgard）行销全球，在服装品牌中拥有很高的知名度。而日本的大金公司和旭硝子公司主要面向终端印染工厂，在中国市场拥有很高的市场份额。

20 世纪 90 年代，含氟防水防油剂公认的六大生产商见表 1-3，这六大生产商都是从含氟单体开始一直到聚合物乳液，全产业链的制造商。

表 1-3　20 世纪 90 年代主要含氟防水防油剂生产商

公司	产品	商品名	国家	制造方法
大金（Daikin）	单体/乳液	Unidyne	日本	调聚法
旭硝子（AG）	单体/乳液	AsahiGuard	日本	调聚法

续表

公司	产品	商品名	国家	制造方法
杜邦（Dupont）	单体/乳液	Teflon	美国	调聚法
赫斯特（Hoechst）	单体/乳液	Nuva	德国	调聚法
阿托（Atochem）	单体/乳液	Foraperle	法国	调聚法
3M	单体/乳液	Scotchgard	美国	电解法

　　其中旭硝子公司是收购了原 ICI 氟聚合物生产线。杜邦公司收购了阿托化学公司的 Forafac 和 Foraperle 生产线。2015 年，杜邦公司剥离氟化物生产等部门，成立科慕公司（Chemours）。1997 年，科莱恩（Clariant）公司收购了德国赫斯特（Hoechst）公司的特殊化学品业务。2013 年 10 月，科莱恩公司剥离纺织、造纸和乳化剂等业务，成立昂高（Archroma）公司。2021 年 3M 公司停止销售含氟防水剂。经过一系列兼并和停产，最新情况见表 1-4。

表 1-4　2022 年防水防油剂外资系生产商现状

公司	产品	商品名	国家	制造方法
大金（Daikin）	C6 单体/C6 乳液/无氟	Unidyne	日本	调聚法
旭硝子（AG）	C6 单体/C6 乳液	AsahiGuard E-SERIES	日本	调聚法
科慕（Chemours）	C6 单体/C6 乳液/无氟	Teflon/Teflon EcoElite	美国	调聚法
昂高（Archroma）	C6 单体/C6 乳液/无氟	Nuva N/Smartrepel	瑞士	调聚法
3M	无氟	Scotchgard	美国	

1.3.3　国内发展情况

　　20 世纪 60 年代中期，中科院有机化学研究所和上海市合成橡胶研究所（现上海市有机氟材料研究所）立题共同研制含氟织物整理剂，确立了调聚法、电解氟化法以及全氟丙酮三条技术路线。

　　20 世纪 70 年代中期，上海市合成橡胶研究所和上海市纺织科学研究院、上海第二印染厂等单位组成协作组，以改善油田井下作业工人劳动保护条件为课题，研制大庆油田井下作业透气、防油、防水劳动保护服材料。经过三年多的努力，研究人员先后探索过四种不同结构的含氟丙烯酸单体，经过几百次聚合试验和织物整理工艺试验，终于得到了所需的产品。经大庆油田现场试穿劳动保护服后认为：利用含氟聚合物整理的服装具有透气、防油、防水性，用作油田井下作业工人劳动保护服，可以解决油田井下作业工人服装的防油、防水等问题，穿着舒服，改善了油田井下作业工人的劳动保护问题。基于当时客观环境，未能继续扩大使之进一步完善而搁浅。可是，却为国外含氟防水防油剂商品涌进国内市场铺平了道路。

20 世纪 70 年代末~80 年代初，中科院有机化学研究所曾与上海市永星雨衣厂协作研制"大地牌"雨衣上的防水防油剂。80 年代中期，上海市科学技术委员会张榜招标攻关，企图使含氟织物整理剂实现国产化，但当时迫于经费等问题没能如愿。80 年代后期，上海市有机氟材料研究所再度和武汉长江化工厂意向立题攻关，也是不了了之。

之后，国家"十五"规划中的"有机氟系列多功能织物整理剂的合成及应用研究"项目于 1999 年 10 月完成，也未见对这类功能性整理剂生产有丝毫动静。主要原因可能还是含氟防水防油剂的主要原料全氟烷基丙烯酸酯单体受技术限制，无法实现国产化。

中国是全球纺织行业防水防油剂使用最大的市场。据目前粗略统计，防水防油剂年需求量在 18000~20000t，过去基本依赖进口。直到 2009 年山东中氟率先生产出 C8 单体，才实现真正意义上的防水防油剂国产化。2016 年中氟装置爆炸，后续因各种原因一直没有重开。目前国内有能力稳定生产防水防油剂单体的如四川西艾氟、福建三农、浙江巨化等，单体总产能也达 3000t以上。

从上述制造商购买原料单体，进行自主乳液聚合的厂家近几年增加较多，如广东德美、浙江传化、上海那可、珠海华大浩宏、北京中纺、常州灵达、无锡嘉业等，主要以 C8 防水防油剂为主。

国外大约从 2003 年就开始销售 C6 短链防水防油剂，市场份额遥遥领先。C6 防水防油剂国内起步较晚，2017 年四川西艾氟率先实现 C6 单体国产化，但国内乳液聚合技术落后，无法生产出高性价比的 C6 防水防油剂。2020 年以来，福可新材料（上海）有限公司在 C6 短链防水防油剂方面的研究可谓一枝独秀，利用分子自主装技术（MSAT）、梯度复合技术（GCT）、定向排列技术（AT）等，开发出一系列 C6 产品，达到或者超越了进口产品，打破了国外垄断。

第2章

防水防油与易去污机理

含氟防水防油剂从 20 世纪 50 年代开发成功一直使用到现在，占据绝对的主导地位。本章主要介绍有机氟的特性及产业链、防水防油剂机理、易去污剂机理等内容。

2.1 有机氟的特性及产业链

2.1.1 氟元素的基本性质

氟是最活泼的化学元素，几乎和所有的元素都能相互作用（稀有气体等少数元素除外），并能与除更高价的氟化合物之外的所有化合物相互作用。

氟的相对分子量为 37.9968，熔点是 -219.6℃，沸点为 -188.15℃，是一种浅黄色气体，具有刺激性气味。

氟元素在地壳中的含量比较多，主要是以氟化钙（CaF_2）的形式存在，自然界的氟化钙矿物为萤石或氟石，常呈灰、黄、绿、紫等色，如图 2-1 所示。但自然界的有机含氟化合物非常少见，到目前为止，天然物中只发现 13 种含有 C—F 链的化合物。

2.1.2 有机氟化合物的特性

氟是元素周期表中电负性最强的元素。碳氢键上的氢被氟取代后，键能由 C—H 的 418.3kJ/mol 增加到 C—F 键的 487.2kJ/mol。因此，含氟表面活性剂在强酸、强碱中有优良的化学稳定性，高温下极其稳定，能耐 300℃以上的高温。氟原子的共价半径为 0.064nm（0.64Å），相当于 C—C 键长（0.131nm）

图 2-1　自然界氟化钙矿物（萤石）

的一半。因此，氟原子可以很好地屏蔽碳链。由于 C—F 键距小，因而表面能低，在水溶液中具有极低的表面张力。一般表面活性剂溶于水中，可将水的表面张力从 72.6mN/m 降至 30mN/m 左右，而含有—CF$_3$ 或—CF$_2$—的含氟表面活性剂可使水的表面张力降至 10~15mN/m，而且无论在水中还是在油中，这种大幅降低倾向都相同，疏水性和疏油性优异。此外，与同碳链长度的碳氢表面活性剂相比，含氟表面活性剂达到饱和吸附的浓度也低得多，因而临界胶束浓度（CMC）较低，很低浓度就可发挥优良的效果。

表 2-1 和图 2-2 分别以图表形式说明有机氟化合物的特性。含氟防水防油剂主要是利用了它的防水防油性和非黏着/防污性。

表 2-1　含氟聚合物的特性

F 原子特性	C—F 键特性	分子间特性	聚合物特性
强电负性 低范德瓦耳斯力半径 价层无空轨道	极高的键能（487.2kJ/mol） 提高邻近 C—C 键键能 氟沿碳链螺旋分布，且屏蔽 C—C 键		耐热性、耐候性、耐腐蚀性等
	低极化性	低分子间作用力，导致低表面自由能	拒水性、拒油性、防污性、抗粘性、润滑性
		低折射率	
		低介电常数	电气绝缘性

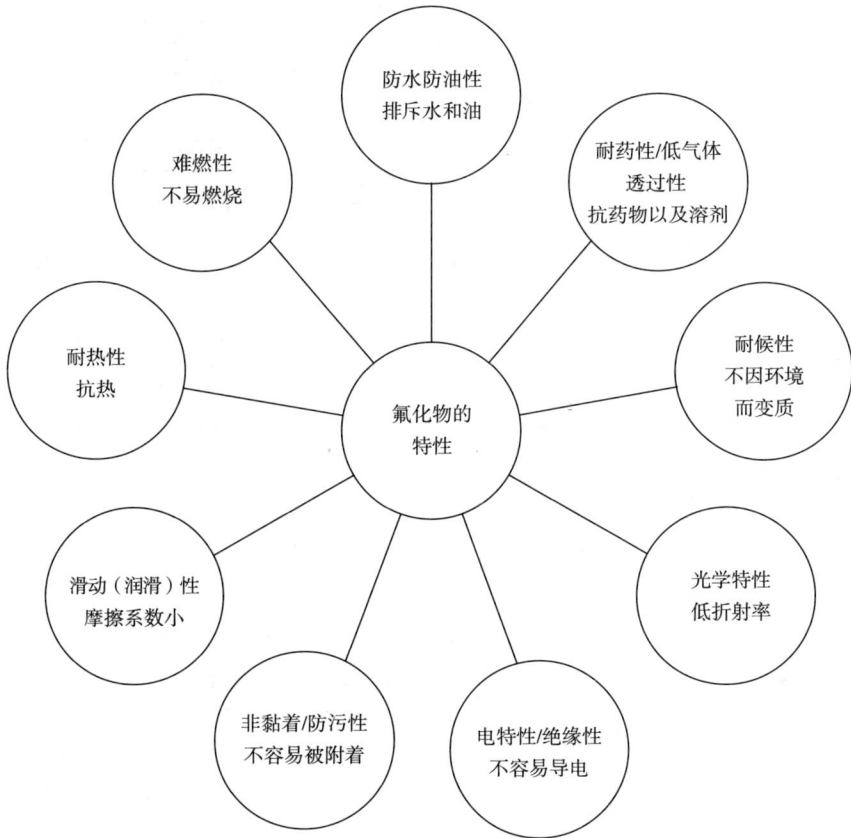

图2-2 氟化合物的特性

2.1.3 氟化工产业链

氟化工产品分为无机氟化物和有机氟化物。无机氟化物是指氟化工产品中含有氟元素的非碳氢化合物，是整个氟化工行业的基础，主要包括氟化盐和电子级氟化物；有机氟化物是指氟化工产品中含有氟元素的碳氢化合物，主要包括消耗臭氧层物质（ODS）及其替代品、含氟聚合物、含氟精细化学品三大类，如图2-3所示。

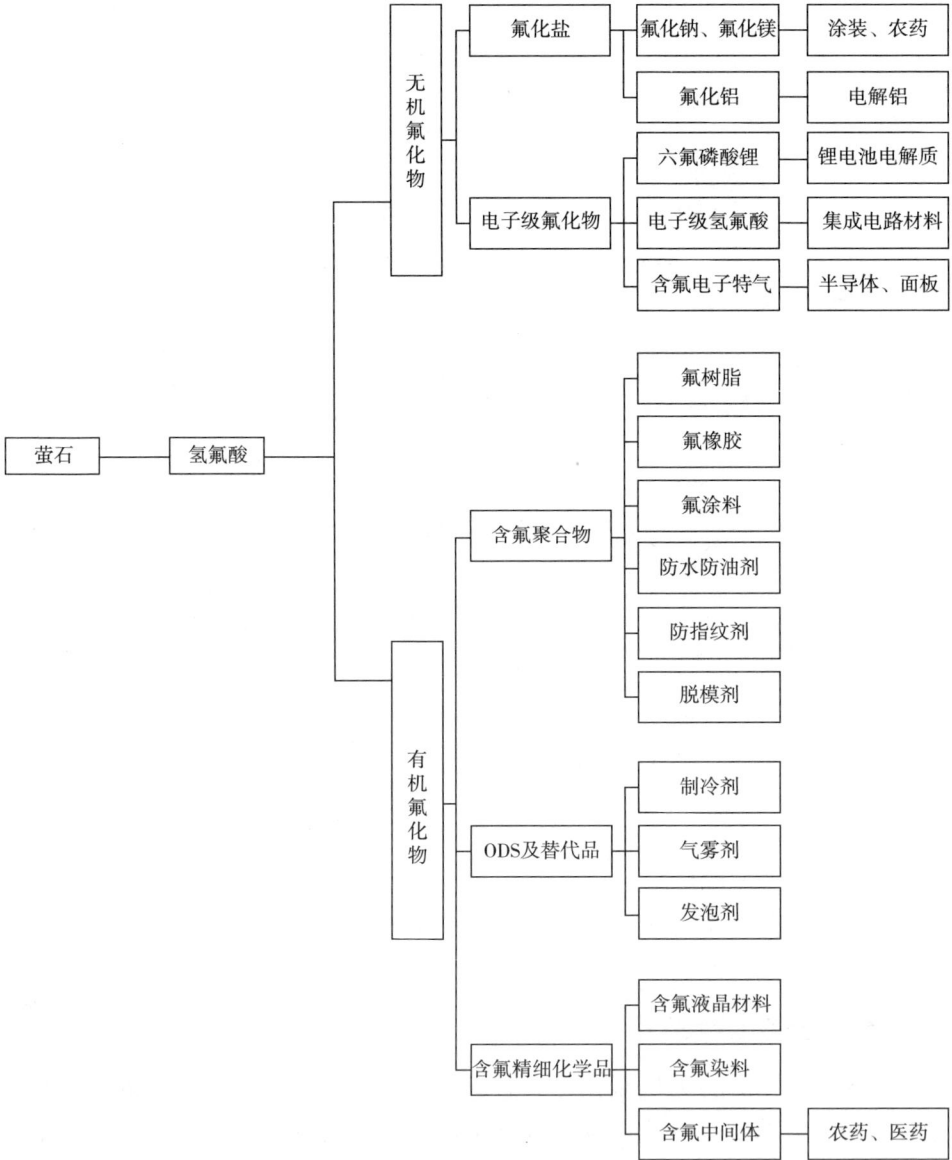

图 2-3　氟化工产品上下游产业链

2.2 润湿及防水防油机理

2.2.1 润湿机理

固体表面的润湿性大多数是用液体的接触角来说明的，如图 2-4 所示。

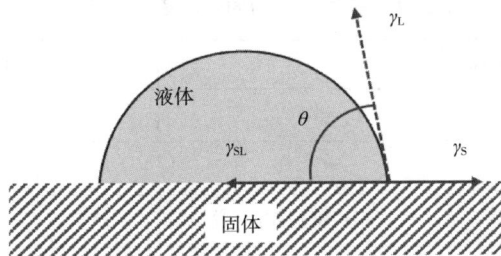

图 2-4　固体表面的接触角

按照杨氏方程式：

$$\cos\theta = \frac{\gamma_S - \gamma_{SL}}{\gamma_L}$$

式中：γ_S——固体的表面张力，dyn/cm[❶]；

$\qquad$ γ_L——液体的表面张力，dyn/cm；

$\qquad$ γ_{SL}——固体-液体的表面张力，dyn/cm；

$\qquad$ θ——液体和固体之间的接触角。

当 $\theta = 0 \sim 90°$，$\cos\theta > 0$，表示可润湿至完全润湿；当 $\theta = 90 \sim 180°$，$\cos\theta < 0$，表示难润湿至不能润湿。

则可得出以下结论：

润湿条件：$\gamma_S - \gamma_{SL} > 0$，即 $\gamma_S > \gamma_{SL}$；无法润湿条件：$\gamma_S - \gamma_{SL} < 0$，即 $\gamma_S < \gamma_{SL}$。

在当时检测条件下很难测定 γ_S 和 γ_{SL}，因此 Zisman 作了一个假设，当固体完全被液体润湿时，接触角 $\theta = 0°$，即最大润湿时，相应的液体表面张力 γ_L 即为润湿该固体的临界表面张力 γ_C，所以 $\gamma_C = \gamma_S - \gamma_{SL}$。由于是完全润湿，

---

❶　1dyn/cm=1mN/m。

$\gamma_{SL}=0$，即 $\gamma_C \approx \gamma_S$。

γ_C 的物理意义：凡液体表面张力大于 γ_C 者，都不能在该固体表面上润湿，只有液体表面张力小于 γ_C 者，才能在该固体表面上润湿。

2.2.2　常见化合物的临界表面张力

关于各种化合物固体表面的润湿性，20 世纪 50 年代由 Zisman 等进行了一系列的研究，求得了各种表面的临界表面张力，见表 2-2。

表 2-2　各种化合物的临界表面张力 γ_C

表面化学组分		γ_C（20℃）/（dyn/cm）
含氟烃类表面	—CF₃	6
	—CF₂H	15
	—CH₃ 和—CF₂—	17
	—CF₂—	18
	—CH₂—CF₃	20
	—CF₂—CFH	22
	—CF₂—CH₂—	25
	—CFH—CH₂—	28
烃类表面	—CH₃（结晶）	22
	—CH₃（单层）	24
	—CH₂—	31
	—CH₂—和—CH—	33
	—CH—（苯环）	35
氯代烃表面	CClH—CH₂—	39
	CCl₂—CH₂—	40
	—CCl₂	43

表 2-2 中，—CF₃ 的临界表面张力值是用全氟十二酸的单分子膜测出的，这显示了固体表面被—CF₃ 覆盖后，临界表面张力 γ_C 降低。具有支链的全氟烷

基丙烯酸酯系列聚合物是在 20 世纪 60 年代由 Pittman 等明确了其特性。他们对氟烷基链长的影响也进行了研究，并发表了结晶化物的 γ_C 值小于不结晶化物的 γ_C 的报告。所得结果的一部分列于表 2-3。γ_C 由氟烷基的结构所决定，丙烯酸酯与甲基丙烯酸酯没有差异。

表 2-3　含氟聚合物的临界表面张力 γ_C

聚合物	$\gamma_C/(\text{dyn/cm})$
$CF_3(CF_2)_6CH_2$—A	10.4
$CF_3(CF_2)_6CH_2$—M	10.6
$CF_3(CF_2)_7SO_2N(C_3H_7)C_2H_4$—A	11.1
$HCF_2(CF_2)_7CH_2$—A	13
$(CF_3)_2CH$—A	15~15.4
$CF_3(CF_2)_2CH_2$—A	15.2

注　A 为 $\begin{matrix}\left(CH_2CH\right)_m\\|\\COO^-\end{matrix}$，M 为 $\begin{matrix}\left(CH_2CH(CH_3)\right)_n\\|\\COO^-\end{matrix}$。

常见各类纤维（固体）材料的临界表面张力 γ_C 及液体的表面张力见表 2-4。

表 2-4　常见纤维材料（固体）的临界表面张力及液体的表面张力

各类纤维（固体）的临界表面张力 $\gamma_C/(\text{dyn/cm})$		液体的表面张力 $\gamma_L/(\text{dyn/cm})$	
纤维素纤维	200	20℃水	72
锦纶	46	80℃水	62
羊毛	45	甘油	63.4
聚酯纤维	43	雨水	53
聚氯乙烯	39	红葡萄酒	45
聚甲基丙烯酸甲酯	39	牛奶、牛乳	43
聚乙烯醇	37	花生油	40

续表

各类纤维（固体）的临界表面张力 $\gamma_C/(dyn/cm)$		液体的表面张力 $\gamma_L/(dyn/cm)$	
聚氯氟乙烯	31	石蜡油	33
聚丙烯	29	橄榄油	32
石蜡类防水剂	29	电动机油	30.5
聚氟乙烯	28	重油	29
有机硅防水剂	26	甲苯	28.5
石蜡	26	四氯化碳	27
聚二氟乙烯	25	白矿物油	26
脂肪酸（—CH$_3$）	22	丙酮	23.7
聚三氟乙烯	22	乙醇	22.8
聚四氟乙烯	18	汽油	22
含氟类防水剂	10	正辛烷	21.4
全氟脂肪酸（—CF$_3$）	6	正庚烷	19.8

从表2-4可以看出，纤维素纤维的临界表面张力 $\gamma_C \approx 200dyn/cm$，比常温时水的表面张力（72dyn/cm）大很多，所以容易润湿。若用临界表面张力 γ_C 比水表面张力小的高分子化合物对纤维素纤维表面进行改性处理，使 γ_C 远小于水，则可达到不润湿，即具有防水的效果。

2.2.3 防水防油机理

从润湿机理和临界表面张力的分析可以得出结论：要实现防水防油，改变纤维表面性能，使其临界表面张力 γ_C 降低至小于液态（水或油）表面张力是有效的途径之一。

被含氟聚合物覆盖的表面，比各种有机液体表面张力相比很低，比水的更低，显示出了很低的临界表面张力，这就说明其具有防水防油性，如图2-5所示。油类表面张力为 $20 \sim 40dyn/cm$，比水的表面张力（72dyn/cm）小很多，而含氟聚合物临界表面张力约为10dyn/cm，所以具有既防水又防油的性能。而有机硅系列防水剂结构中 Si—O 主键上接有甲基（—CH$_3$），因此其只能防水，不具备防油性。

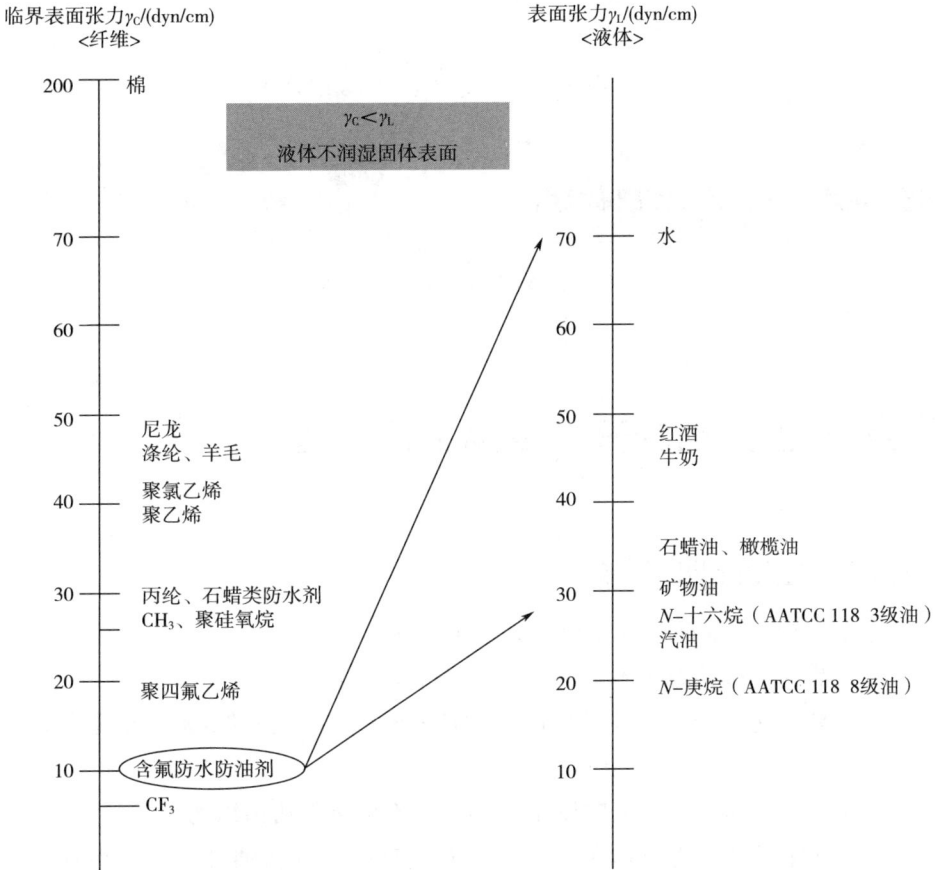

临界表面张力γ_C/(dyn/cm)
〈纤维〉

表面张力γ_L/(dyn/cm)
〈液体〉

$\gamma_C < \gamma_L$
液体不润湿固体表面

200 —— 棉

70 ——

60 ——

50 —— 尼龙
　　　涤纶、羊毛

40 —— 聚氯乙烯
　　　聚乙烯

30 —— 丙纶、石蜡类防水剂
　　　CH$_3$、聚硅氧烷

20 —— 聚四氟乙烯

10 —— 含氟防水防油剂

—— CF$_3$

70 —— 水

60 ——

50 —— 红酒
　　　牛奶

40 —— 石蜡油、橄榄油

30 —— 矿物油
　　　N-十六烷（AATCC 118 3级油）
　　　汽油

20 —— N-庚烷（AATCC 118 8级油）

10 ——

图 2-5　常见纤维材料（固体）的临界表面张力和液体的表面张力关系对照图

图 2-6 是防水防油表面示意图，更加清晰地展示了含氟防水防油剂通过降低纤维表面的表面张力，从而达到优异的防水防油效果。比如，棉的临界表面张力 $\gamma_C \approx 200$dyn/cm，而常温时水、果汁、油的表面张力分别为 72dyn/cm、50dyn/cm、30dyn/cm，所以棉很容易被以上液体润湿。经过含氟整理剂处理后，棉纤维表面张力下降至约 10dyn/cm，呈现出很好的防水防油性。而无氟防水剂本身表面张力比较高，只能防水或者防部分水溶性液体（如牛奶、果汁等），达不到防油的效果。

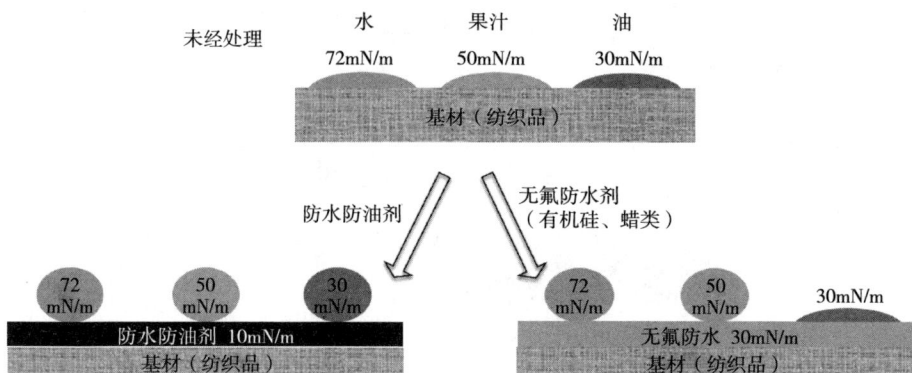

图 2-6　防水防油表面示意图

2.3 易去污剂的开发及易去污机理

2.3.1　易去污剂的开发

通常说的纺织品防污性主要包括三个方面：

（1）沾污，指穿着时不易被沾污（防水防油）。

（2）易去污，指穿着时能沾污，但洗涤时污物能从织物上解脱而易于去除。

（3）防再沾污，指洗涤时洗下污物之后不再重新沾污织物。

含氟整理剂虽然使织物在干态下具有优良的防水防油性能，但织物一旦沾污后，污物很难从织物上洗除。因此，人们探寻既要在干态下有优良的防水防油性能，又要在湿态下有易去污效果的整理剂，这就促使了含氟易去污整理剂的出现。早期的易去污整理剂只有易去污的性能，在干态下没有防水防油的性能，如甲基纤维素、羟乙基纤维素、羟甲基纤维素、羟甲基淀粉、聚乙烯醇、海藻酸钠等水溶性聚合物。为了克服单纯的防水防油或易去污整理的缺陷，实现织物既在干态时具有良好的防污性能，被沾污后又较容易清洗，于是开发了既具有防水防油链段，又具有亲水链段的两性结构的高级易去污整理剂。目前，常用的是以全氟烷基为防水防油链段和以聚氧乙烯为亲水性链段的嵌段共聚物。

2.3.2 易去污机理

在洗涤溶液中，油污与洗涤液、织物处在如图 2-7 所示的平衡状态。

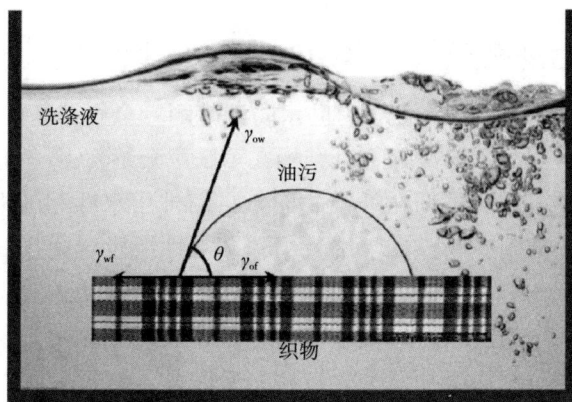

图 2-7 沾污织物与油污、洗涤液的平衡状态

平衡时各界面张力关系如式（2-1）所示：

$$\gamma_{wf} = \gamma_{of} + \gamma_{ow}\cos\theta \tag{2-1}$$

式中：θ——织物、油、水 三相交界处的接触角；

γ_{ow}——油—水相的界面张力；

γ_{wf}——水—织物相的界面张力；

γ_{of}——油—织物相的界面张力。

油污主要是按卷珠模型脱离织物表面，设其界面合力为 R，要除去油污必须满足 $R>0$，如式（2-2）所示。当 $R=0$ 时，卷珠作用将停止而使体系处于平衡状态。

$$R = \gamma_{of} - \gamma_{wf} + \gamma_{ow}\cos\theta \tag{2-2}$$

油污从 $\theta=0°$、$\cos\theta=1$ 在织物上的铺展状态到 $\theta=180°$、$\cos\theta=-1$ 时的剥离状态才能完全离开织物表面达到洗除目的。此时油—织物界面被水分离。显然若这一过程自发进行，则必然有 $\gamma_{of}-\gamma_{wf}-\gamma_{ow}>0$ 关系成立。

当 γ_{of} 和 γ_{wf} 之差小于 γ_{ow}，则油污的卷珠作用就会停止。因此，易去污的条件是 γ_{of} 应尽可能大，γ_{wf}、γ_{ow} 应尽可能小。γ_{ow} 的大小决定于洗涤剂的品种和浓度，其值一般情况下较小。要使油污易去除，纺织品必须有低的 γ_{wf} 和高的 γ_{of}，纺织品必须具有高的亲水性能。

为解决易去污整理剂在空气与水中防水防油性的相互矛盾，要求其应含有全氟烷基防水性部分和亲水性部分两种性质截然不同的结构成分，促使织物在空气和水中表现出不同的界面特征，以满足织物在空气中防水防油而在水中又具有高亲水性的要求。

2.3.3 易去污剂在空气和水中的表面变化模式

含氟易去污整理剂分子中既含有防水防油基团——全氟烷基丙烯酸酯聚合物，也含有亲水基团——聚氧乙烯链等（其结构在第 3 章介绍）。经整理后的织物在空气中，全氟烷基链段定向排列在纤维表面，它们排斥水性和油性污物，使之不易沾污。一旦污物沾附织物，在水洗液中，亲水性链段定向排列在纤维与液体的界面上，吸引水分子，提高易去污性能（也叫 Flip-Flop 效应，反转效应）。在水洗后烘干时，亲水链段脱水，氟烷基链段重又回到主要地位，再度呈现良好的防水防油性能。图 2-8 所示为含氟易去污整理剂在空气和水中的表面变化。

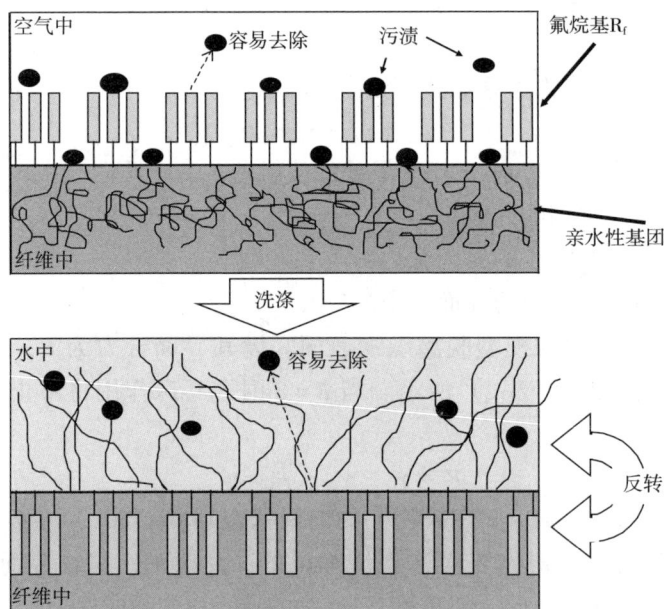

图 2-8 易去污整理剂在空气和水中的表面变化模式（Flip-Flop 效应）

含氟易去污整理剂按功能可分为易去污（stain release）、三防易去污（dual action）、亲水易去污（hydrophilic stain release）。

第3章

防水防油剂与易去污剂的生产方法

生产防水防油剂，先要制造出上游原料全氟烷基丙烯酸酯化合物，也称单体，利用单体再进行乳液或者溶液聚合，得到防水防油剂聚合物（共聚物）乳液。国产防水防油剂之前没有大的发展，主要受限于单体技术都被国外企业所垄断。从 2009 年至今，国产单体技术取得了很大的进展，目前已经具备和进口产品竞争的条件。

3.1 防水防油剂的生产方法

3.1.1 防水防油剂单体的生产方法

3.1.1.1 电解氟化法

在低电压、大电流条件下，在无水氢氟酸介质中对烷基羧酸进行电解氟化，烷基上的氢原子被氟原子置换，制得全氟烷基酰氟化物。反应式如下：

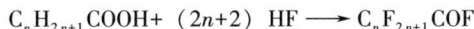

$$C_nH_{2n+1}COOH + (2n+2)\,HF \longrightarrow C_nF_{2n+1}COF$$

此种方法在第一阶段反应时就可以产生全氟烷基化合物，但是在氟化反应时容易发生 C—C 结合切断、环化反应，目标物质的产率非常低。以下是为了提高产率而最常用的对磺酰氯化物进行电解氟化的制造举例。

（1）电解氟化。

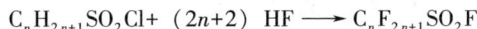

$$C_nH_{2n+1}SO_2Cl + (2n+2)\,HF \longrightarrow C_nF_{2n+1}SO_2F$$

（2）酰胺化。

$$C_nF_{2n+1}SO_2F + RNH_2 \longrightarrow C_nF_{2n+1}SO_2NHR + HF$$

（3）乙醇化。

$$C_nF_{2n+1}SO_2NHR+ClCH_2CH_2OH \longrightarrow C_nF_{2n+1}SO_2（R）NCH_2CH_2OH$$

（4）丙烯酸酯化或磷酸酯化。

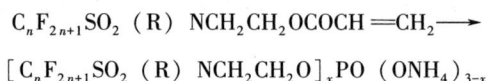

$$C_nF_{2n+1}SO_2（R）NCH_2CH_2OCOCH=CH_2 \longrightarrow$$

$$[C_nF_{2n+1}SO_2（R）NCH_2CH_2O]_xPO（ONH_4）_{3-x}$$

$R=CH_3$，$CH_2CH_2CH_3$

当 $n=8$，为 C8 单体，副产物为 PFOS；

当 $n=4$，为 C4 单体，副产物为 PFHxS。

之前只有美国 3M 公司采用电解法生产 C8 和 C4 防水防油剂的单体。

3.1.1.2 调（节）聚（合）法

调聚法是目前主流的制造方法。这是一种从制造四氟乙烯（TFE）开始的氟交换反应的一系列化学反应，最早是由英国剑桥大学的 R. N. Haszeldine 教授研究发现的。日本大金、日本旭硝子、美国杜邦、瑞士科莱恩等都是采用此制造方法。调聚法制造单体的反应过程如下：

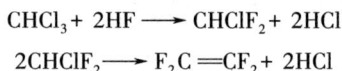

$$CHCl_3 + 2HF \longrightarrow CHClF_2 + 2HCl$$

$$2CHClF_2 \longrightarrow F_2C=CF_2 + 2HCl$$

然后以 CF_3I 或 C_2F_5I 全氟烷基碘作为调聚剂调聚四氟乙烯，制得调聚物。

（1）调聚反应。

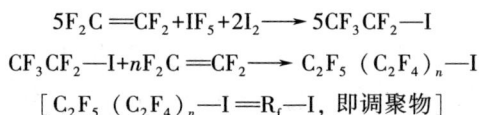

$$5F_2C=CF_2+IF_5+2I_2 \longrightarrow 5CF_3CF_2-I$$

$$CF_3CF_2-I+nF_2C=CF_2 \longrightarrow C_2F_5（C_2F_4）_n-I$$

$$[C_2F_5（C_2F_4）_n-I=R_f-I，即调聚物]$$

（2）加烯反应。

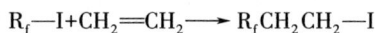

$$R_f-I+CH_2=CH_2 \longrightarrow R_fCH_2CH_2-I$$

（3）醇化反应。

$$R_fCH_2CH_2-I+H_2O \longrightarrow R_fCH_2CH_2OH+HI$$

最后得到单体，即防水防油剂的原料：

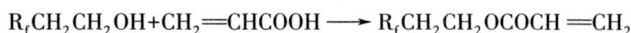

$$R_fCH_2CH_2OH+CH_2=CHCOOH \longrightarrow R_fCH_2CH_2OCOCH=CH_2$$

当 $R_f=C8$，为 C8 单体，副产物为 PFOA；

当 $R_f=C6$，为 C6 单体，副产物为 PFHxA。

3.1.2　防水防油剂乳液（共聚物）的生产方法

3.1.2.1　防水防油剂的主要结构

含氟防水防油剂是由一种或几种氟代单体和一种或几种非氟单体共聚而成，是一种共聚物。氟代单体一般为全氟烷基丙烯酸酯单体，提供防水、防油性；非氟单体则提供聚合物成膜性、柔软性、耐洗性、交联性等。其典型结构如图3-1所示。

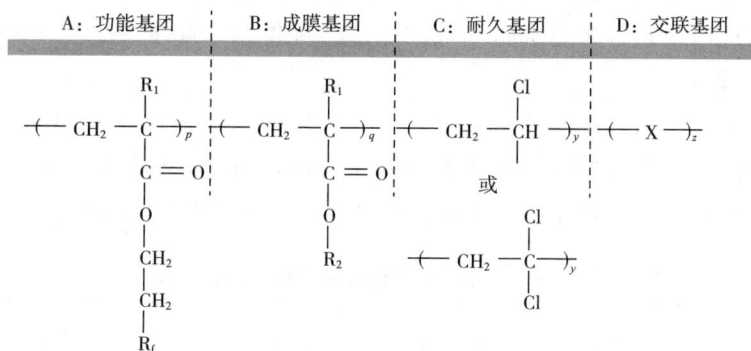

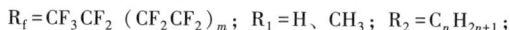

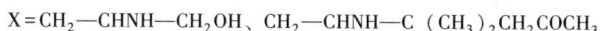

$$R_f = CF_3CF_2(CF_2CF_2)_m ; R_1 = H、CH_3 ; R_2 = C_nH_{2n+1} ;$$
$$X = CH_2-CHNH-CH_2OH、CH_2-CHNH-C(CH_3)_2CH_2COCH_3$$

图3-1　防水防油剂经典结构示意图

日本大金公司、旭硝子公司等生产的防水防油剂主要以上述结构为主。

美国3M公司因为使用电解法生产的单体，所以防水防油剂的结构会不同，典型结构式如下：

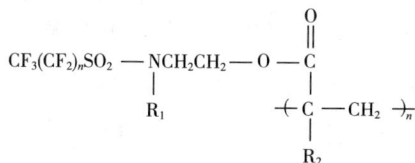

$n=1\sim7$；$R_1=$烷基、羟乙基等；$R_2=H、CH_3$

或者：

$$C_8F_{17}SO_2NCH_2CH_2CH_3$$
$$|$$
$$CH_2CH_2O—C=O$$
$$—(CH—CH_2—CH_2—CH=C—CH_2)_n—$$
$$|$$
$$Cl$$

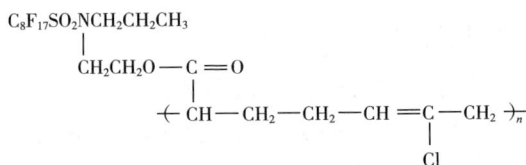

3.1.2.2 防水防油剂共聚物的结构设计

上述典型结构式是四元共聚物，各组分的主要成分和作用如下：

【组分 A】：是含氟防水防油剂的主体，提供防水防油性，主要由以下三部分组成。

（1）氟烷基 R_f。提供防水防油功能的关键组分。不同商品中的氟烷基可能是单一组分，也可能是不同碳长的同系物的混合物。碳链的长短影响它们的防水性和防油性。表 3-1 为不同碳链全氟烷基丙烯酸酯的性能。

表 3-1 不同碳链全氟烷基丙烯酸酯的性能

全氟烷基	防水性/分	防油性/分	薄膜的临界表面张力 $\gamma_C/(dyn/cm)$
—CF_3	50	0	—
—C_2F_5	70	60（29.3dyn/cm）	—
—C_3F_7	70	90（24.25dyn/cm）	15.2
—C_5F_{11}	70	100（23.15dyn/cm）	—
—C_7F_{15}	70	120（21.5dyn/cm）	10.4
—C_9F_{19}	80	130（20.85dyn/cm）	—

注 防油性采用前 3M 评价方法，（ ）内为对应等级的液体表面张力。

从表中可知，随着聚合物中氟烷基侧链的增长，防油性逐步提高，但 C7以上增势逐渐趋缓，而防水性不随氟碳链的增长而提高。测定整理织物上防油等级的标准试液主要由正烷烃组成，它们的界面张力仅由色散力组成；而测定防水性的水，它的界面张力是由色散力和氢键力之和组成。因此，上述聚合物氟烷基侧链增长后，其防油性和防水性表现出不同的结果，C7—C9 表现出最好的防水性和防油性。

（2）甲基丙烯酸或丙烯酸。其与氟烷基连接后形成高分子链节，通过双键聚合可获得一定分子量。

（3）间隔基团。氟碳链的强极性容易使分子内部发生强烈极化，造成分子稳定性减弱。为此，常在分子中增加间隔基团，其主要有—SO₂NH—、—SO₂NHCH₂CH₂—、—CH₂CH₂—等。各商品的间隔基团是不同的，其都有特定的连接基。这些间隔基团不但将氟烷基和丙烯酸连接起来，同时还对酯基产生屏蔽保护作用，防止水解而使氟烷基脱落，影响防水防油效果。

【组分 B】：甲基丙烯酸或丙烯酸脂肪酸酯，如辛酯（C8）、月桂酯（C12）或硬脂肪酸酯（C18）。它们可以提高含氟共聚物的防水性，又不降低其防油性，并与全氟烷基丙烯酸酯组分有良好的协同作用，赋予整个共聚物良好的成膜性和柔软性。丙烯酸脂肪酸酯的碳长会影响氟烷基的结晶性。碳长<8时，共聚物没有结晶性；碳长>12时，共聚物的结晶性明显，会束缚分子链的活动，从而改进共聚物的防水性。

【组分 C】：常用共聚单体有氯乙烯、偏二氯乙烯等，它们可赋予含氟共聚物某些特殊性能，如与纤维尤其是涤纶和锦纶有良好的黏合性，可提高耐洗性，以及使之防污、耐磨和耐乙醇等有机溶剂。

【组分 D】：添加可形成自交联等反应性基团的共聚单体，如含羟甲基、环氧基或羟基的单体，可增加共聚物的强韧性。通过整理加工，使共聚物与共聚物之间或共聚物与纤维之间能形成化学键结合，形成强韧的皮膜，提高整理效果的耐洗性。

3.1.2.3 全氟烷基丙烯酸酯共聚物的特性

在防水防油剂典型结构中的 A 部分：全氟烷基丙烯酸酯，该聚合物不能单独作为防水防油剂。为赋予造膜性和纤维的结合性，都采用各种乙烯基单体的共聚。这些共聚单体在改善材料应用性能的同时，也会对低表面自由能材料两个关键属性产生显著影响：一是对表面自由能属性的影响；二是对表面重构属性的影响。作为低表面自由能材料，通常需要同时具备较低的表面自由能以及较低的表面重构性。

日本大金公司的 Morita 等对图 3-1 中防水防油剂结构中 A/B 的二元共聚体，也就是作为防水防油剂基础单体的全氟烷基乙基丙烯酸酯（FA）和烷基丙烯酸酯（AA）做了详细的研究，包括动态接触角、结晶度、表面自由能、冻干 XPS、FA/AA 共聚物的防水机理等内容，可作为防水防油剂开发的基础理论。

（1）FA/AA 共聚物化学结构如图 3-2 所示。

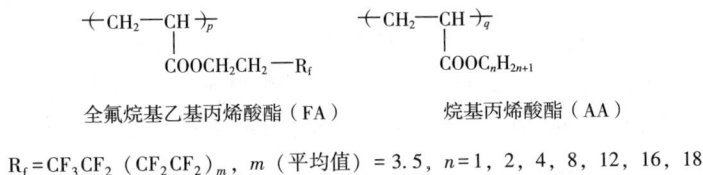

$$\left(CH_2-CH \right)_p \qquad \left(CH_2-CH \right)_q$$

$$COOCH_2CH_2-R_f \qquad COOC_nH_{2n+1}$$

全氟烷基乙基丙烯酸酯（FA）　　　烷基丙烯酸酯（AA）

$R_f=CF_3CF_2\left(CF_2CF_2\right)_m$，$m$（平均值）= 3.5，$n$ = 1，2，4，8，12，16，18

图 3-2　FA/AA 共聚体的化学结构

表 3-2 为不同类型的 AA。

表 3-2　不同类型的 AA

n	名称	简称
1	丙烯酸甲酯	MA
2	丙烯酸乙酯	EA
4	丙烯酸丁酯	BA
8	丙烯酸辛酯	OA
12	丙烯酸月桂酯	LA
16	丙烯酸鲸蜡酯	CA
18	丙烯酸硬脂酸酯	StA

（2）动态接触角（dynamic contact angle）。防水防油加工时一般会在纤维材料表面形成一层几十到几百埃的薄膜从而发挥防水防油性。Spray 法（AATCC 22—2017 或者 JIS L1092—2009）是最常用的防水测试方法，如图 3-3 所示。

从以往的实验中可知，防水性与静态接触角无关。防水性主要取决于防水防油剂聚合体对环境的反应，所以赋予防水防油剂较高性能的同时，如何不被环境所影响是相当重要的。这时需要使用最接近实际防水性能指标的水的动态接触角来表征，如图 3-4 所示。

水（250mL）

喷嘴

经防水整理
的试验织物

拒水性等级：100, 90, 80, 70, 50, 0

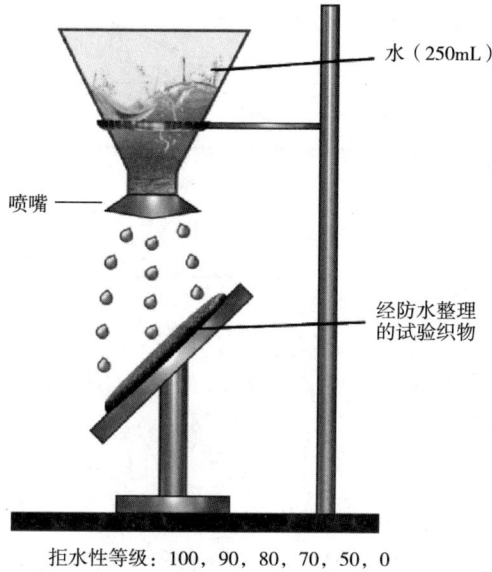

图 3-3　Spray 法沾水测试示意图

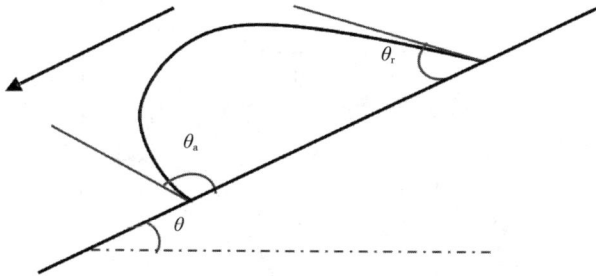

θ_r

θ_a

θ

图 3-4　动态接触角示意图

θ—转落角　θ_a—前进接触角　θ_r—后退接触角

FA/AA 共聚物与之相对应的防水性、动态接触角依据 AA 的 n 数而变化。

将 FA/AA 共聚物处理在涤纶布上，应用 Spray 法测定其防水性。如图 3-5
所示，防水性随着共聚物 AA 侧链碳原子数 n 从 8~12 的变化而大幅提升。

通过滑动法测量的 FA/AA 共聚物对水的动态接触角的影响，改变了 AA
侧链中的 n 数，如图 3-6 所示。前进接触角与 AA 的侧链长度无关，几乎恒定

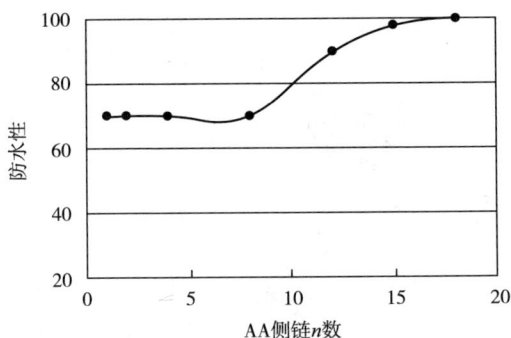

图 3-5　FA/AA 共聚体中 AA 的 n 数与防水性关系

在 120°。然而，对于 n 数低于 8 的共聚物，后退接触角较小（约 45°），并且随着 n 数的增加而突然增加。接触角滞后，表示为 $\theta_a - \theta_r$，随着液体前沿的移动，通常是表面粗糙度、不均匀性、重新取向、流动性等的结果。在这种情况下，可以预见重新取向和流动性。这种现象表明水中共聚物的表面结构与空气中的不同。也就是说，在空气中转化为在水中的过程改变了侧链的方向、主链的流动性。

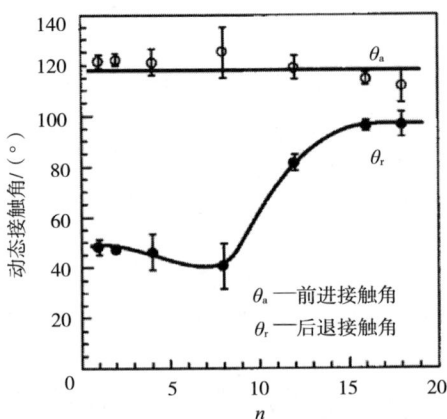

图 3-6　FA/AA 共聚体中 AA 的 n 数与动态接触角关系

（数据来源：MORITA M，OGISU H，KUBO M. Surface Properties of Perfluoroalkylethyl Acrylate/n-Alkyl Acrylate Copolymer，1999）

为了证明上述假设，进行了以下研究。

（3）结晶度（crystallinity）。研究发现，FA 的支链 R_f 基的结晶性，会因 AA 组分的种类而发生很大变化。即单独聚合时，R_f 基即使采用有高结晶性 m 数的 FA，而在共聚中，则会根据 AA 的 n 数，使 FA 的 R_f 基的结晶性发生变化。用 X 射线衍射法研究了共聚体的结晶性，其结果如图 3-7 所示。

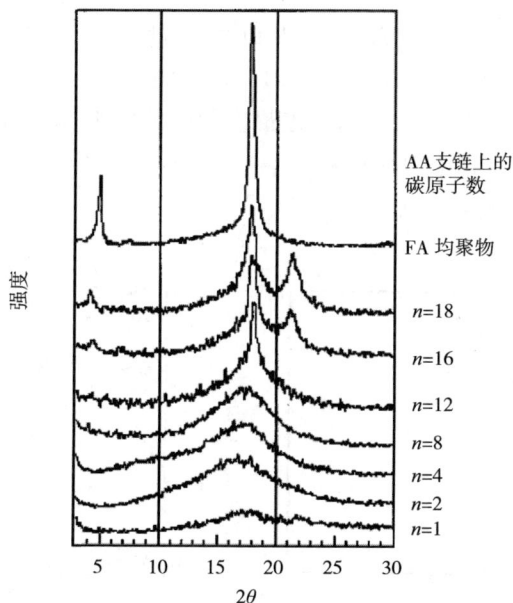

图 3-7　FA／AA 共聚体的 X 射线衍射图

（数据来源：MORITA M，OGISU H，KUBO M. Surface Properties of Perfluoroalkylethyl Acrylate/n-Alkyl Acrylate Copolymer，1999）

在 X 射线衍射图中，n 数低于 8 的 FA／AA 共聚物没有陡峭的峰。当 n 数为 12 时，FA／AA 共聚物在 $2\theta=18°$ 处有一个峰，当 n 数为 16 和 18 时，FA／AA 共聚物分别在 $2\theta=18°$ 和 22° 处有两个峰。这些峰分别是由侧链 R_f 基团和烷基堆积引起的。因此，当 $n<8$ 时，FA／AA 共聚物呈橡胶态，具有高流动性；当 $n>12$ 时，它们处于结晶状态并且具有低流动性。

即当 AA 的侧链烷基链长 $n\geqslant12$ 时，共聚物可形成稳定的晶态结构；当 AA 的侧链烷基链长 $n<12$ 时，共聚物不能形成晶态结构。当与水接触时，不能形成晶态结构的共聚物表层氟化链段重构，进而使接触角降低，表面自由

能增加。

（4）表面自由能（surface free energy）。图 3-8 显示了 AA 侧链长度对 FA/AA 共聚物表面自由能的影响。空气中的表面自由能与 AA 的侧链长度无关，这与前进接触角的结果相似。然而，与后退接触角的结果相反，水中的表面自由能随着 n 数的增加而降低。由于 FA 均聚物在空气中的表面自由能接近 10.4mN/m，并且极性成分接近于零，因此可以得出结论，R_f 基团朝向气固界面。相反，在水中，当 $n<8$ 时，色散力和极性力均大于空气中的，因此 R_f 基团退缩，AA 的主链、间隔基（—CH_2CH_2—）、侧链烷基（—C_nH_{2n+1}）和羧基（—COOH）重新定向到液固界面，以最大限度地减少界面自由活力。当 $n>12$ 时，这两个分量几乎等于空气中的分量。因此，即使在水中，R_f 基团也不会退缩。

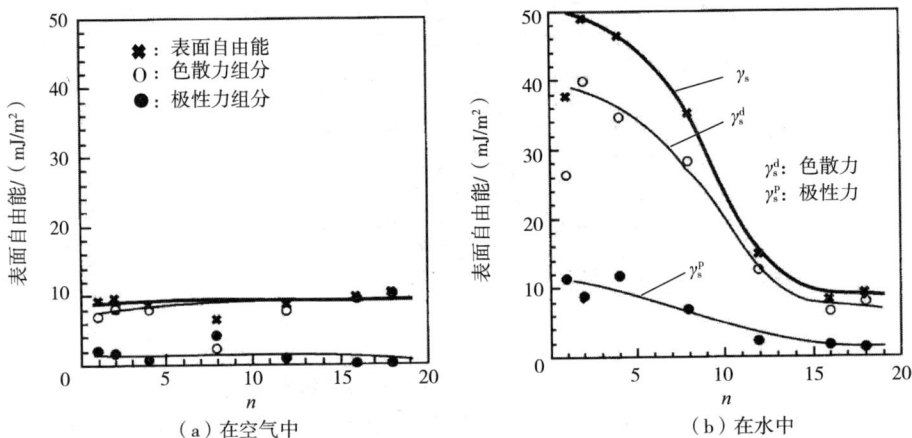

图 3-8　AA 的侧链长度 n 对 FA/AA 共聚物的表面自由能的影响

（5）冷冻干燥 XPS（freeze-dried XPS）。为了了解共聚物在空气中和水中的表面状态，通过冻干 XPS 测试来计算 F_{1s} 与 C_{1s} 最高面积比（F_{1s}/C_{1s}）。图 3-9 显示了 FA 共聚物在-50℃使用冻干 XPS 在干燥状态和水合状态下的 F_{1s}/C_{1s} 值。F_{1s}/C_{1s} 值代表表面氟浓度的相对大小。干燥状态下的 F_{1s}/C_{1s} 值与 AA 的侧链长度无关，类似于前进接触角的结果。我们将此现象归因于空气中 R_f 基团的定向，这与 AA 的侧链长度无关。另外，水合状态下的 F_{1s}/C_{1s} 值随着 n 数的增加而增加，类似于后退接触角的结果，表面化学成分的变化表明分子发生了重新取向。$n<8$ 时，F_{1s}/C_{1s} 的低值可能是由于 R_f 基团在液固界面处退

化，而 $n>12$ 的高值是由于 R_f 基团因侧链结晶未退化。根据以上结果，为了赋予 FA/AA 共聚体较高的防水性，需要约束分子链的运动，即使是在与水接触时也要保持与在空气中时一样的表面状态，这一点至关重要。共聚物在与水接触时由于 AA 侧链长度 n 的不同其状态也会发生变化。

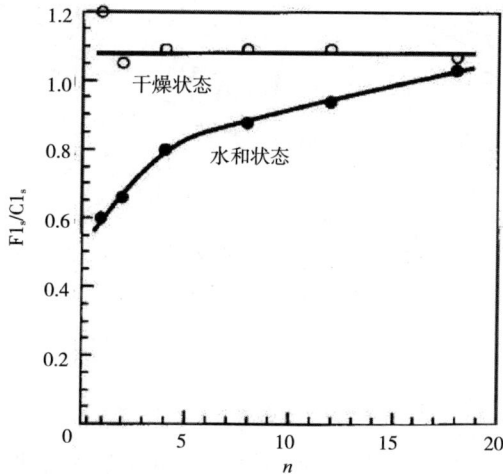

图 3-9　FA/AA 共聚体的干燥状态和水合状态的表面氟浓度（冻干 XPS）

（数据来源：MORITA M，OGISU H，KUBO M. Surface Properties of Perfluoroalkylethyl Acrylate/n-Alkyl Acrylate Copolymer，1999）

（6）FA/AA 共聚物的防水机理。从以上描述中可知，FA/AA 共聚物的防水性机理从表面分子流动性的角度可以解释。当 AA 为丙烯酸丁酯（BA，C_4H_9）以及丙烯酸硬脂酸酯（StA，$C_{18}H_{37}$）时 FA/AA 共聚体表面，与水滴接触时的状态如图 3-10 所示，说明了 AA 组分的选择是何等的重要。

FA/BA 是具有短侧链 AA 的 FA/AA 共聚物（C_nH_{2n+1}，$n\leqslant8$）的代表，这些 FA/AA 共聚物在 25℃时不结晶。FA/StA 是具有长侧链 AA 的 FA/AA 共聚物（C_nH_{2n+1}，$n\geqslant12$）的代表，这些 FA/AA 共聚物在 25℃为结晶化。水的前进接触角与 AA 的侧链长度 n 无关，几乎恒定在 120°（$\theta_a\approx120°$）。我们将此现象归因为 R_f 基团在空气中的定向排列，这与 AA 的侧链长度 n 无关。相反，当 $n<8$ 时，后退接触角显示出约 45° 的低值，并且随着 n 数的增加而突然增加。

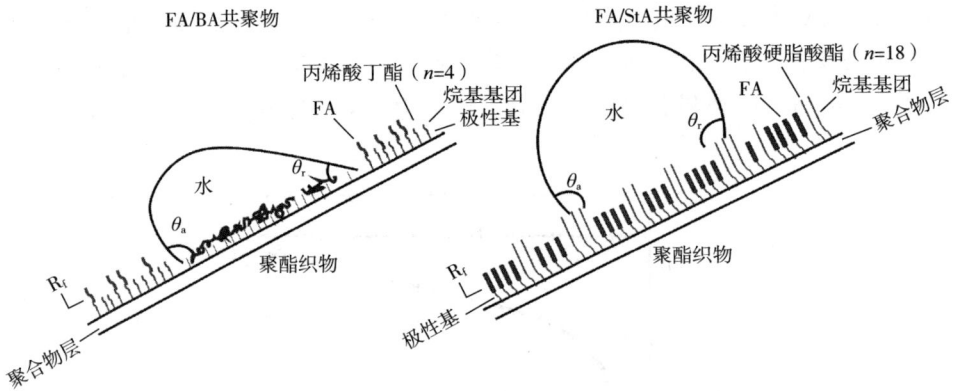

图 3-10　两种 FA/AA 共聚物的防水模型

（数据来源：MORITA M，OGISU H，KUBO M. Surface Properties of Perfluoroalkylethyl Acrylate/n-Alkyl Acrylate Copolymer，1999）

Damme 等研究了一个类似的聚合物体系，聚（n-烷基甲基丙烯酸酯）$\{CH\!-\!CH(CH_3)COOC_nH_{2n+1}\}$。他们提出，当 n 从 8 增加到 12 时，聚（n-烷基甲基丙烯酸酯）的后退接触角突然减小。他们将此现象归因于表面基团的流动性随着 T_g 的降低而增加。由于侧链长度的增加，这种流动性受到内部增塑的严重影响。另外，对于 FA/AA 共聚物，流动性受侧链结晶的影响。因此，侧链长度对后退接触角的影响随聚合物的结构而变化。

另外，研究表明，用电解氟化法得到的全氟烷基丙烯酸酯聚合体的支链 R_f 基的结晶性，与用调节聚合法所得到的聚合物相比明显较低。结合前面所讲的结果，可以认为，用电解氟化法所得到的原料加工的产品防水性能差，事实上也正是如此。

3.1.2.4　防水防油剂的聚合

防水防油剂一般由含氟单体和非氟单体共聚而成，共聚方法主要有溶液聚合和乳液聚合两种。合成反应的温度、溶剂、乳化剂和引发剂的选择和用量值得注意，针对不同的产品要求和不同的反应体系，会有不同的选择。

溶液聚合方法简单，早期发展应用较多。但是溶剂闪点较低，对安全预防措施有特殊要求，且损耗较大，应用也不方便，存在一定的缺点。

乳液聚合速度快，成本低，乳液状产品比较适合纺织品的整理加工，对环境污染程度较低。单体之间或与其他非氟化乙烯基单体的共聚是很容易的，如与烷基（甲基）丙烯酸酯、苯乙烯、丙烯腈、醋酸乙烯酯和氯乙烯共聚形成聚合体。乳液聚合时，丙酮、二丙二醇、三丙二醇等水溶性溶剂作为单体的相溶剂、乳化助剂普遍使用。乳液分散体的使用虽很方便，但不够稳定，其耐贮存性、耐热性、耐寒性及其与交联剂、催化剂、分散剂的混合互溶性和相容性等都需综合考虑。

目前工业上较为常见的方式为细乳液聚合。传统乳液聚合时，含氟单体在水相中的溶解度很小，不易从单体液滴向胶束迁移，通常需要加入大量的有机溶剂和氟表面活性剂。采用液滴成核的细乳液聚合法可以较好地解决此问题，由此得到粒径小的微细乳液胶粒，乳液胶粒处于热力学稳定的分散状态，具有优异的贮存稳定性、耐热稳定性和抗剪切稳定性。

细乳液聚合已经从一个单一的文献题目发展到一大批学术和工业研究的主题。在此期间，很多产品在该技术的基础上实现了工业化。

当单体液滴尺寸减小到亚微尺寸，单体液滴表面积的增加使得单体液滴捕获自由基的概率增加，同时更多的乳化剂吸附到液滴表面，减少了水相中胶束的数量，使得液滴成核成为乳液聚合过程中的主要成核方式。细乳液聚合与普通乳液聚合的差别是细乳液聚合在配方中加入了共乳化剂，同时采用了细乳化工艺，将乳液中的单体液滴分散成为 50~100nm 的亚微单体液滴。

目前用于制备单体细乳液的细乳化设备主要有三种：高剪切设备、超声波仪和高压均质机。这三种设备细乳化单体液滴的作用和原理不同，从而制备的单体细乳液的稳定性、单体液滴的粒径及粒径分布的差别较大，如果以单体细乳液的粒径及分布来比较这三种仪器的效率，高压均质机是最高效的细乳化设备，超声波仪次之，而高剪切设备效率最差。高压均质机制备单体细乳液时，是将粗分散的乳液加压后快速经过狭小的均质阀门进入低压均质腔内，在这个过程中，激烈的剪切、碰撞及空穴作用使分散的油相被破碎成亚微米甚至纳米级的单体液滴。

Huang 等系统研究了全氟辛基乙基丙烯酸酯（FA）、甲基丙烯酸环己酯（CHMA）、3-氯-2-羟基丙基甲基丙烯酸酯三元共聚体系中，各因素对细乳液粒径的影响，概要总结如下：

（1）助溶剂的引入可以提高含氟单体与非含氟单体的相容性，减小液滴的粒径，且随助溶剂用量的增加，乳液的粒径呈逐渐降低的趋势。

（2）阳/非离子复合乳化体系中，阳离子比例的增加可以显著减低乳液的粒径。

（3）FA用量的增加，可以提高乳液的透光率。

（4）链转移剂用量的增加（分子量降低），有助于降低乳液的粒径。

（5）聚合温度的提高在一定程度上也有助于粒径的降低。

防水防油剂按照产品形态分为水分散型和溶剂型。印染工厂为了安全性和环保性，多使用水分散型，因此大多数的防水防油剂都是水分散型的。溶剂型产品由于其干燥处理的便利性被干洗店、家居后加工等小规模店铺所青睐，适用于日用产品的防水喷淋等简单加工。

按照离子形态可分为阳离子防水防油剂、非离子防水防油剂、阴离子防水防油剂。大部分防水防油剂都是阳离子型；非离子防水防油剂常用于低温焙烘、低色变加工；阴离子防水防油剂使用很少，常见于防污地毯和黏合剂同浴加工。

3.2 易去污剂的生产方法

3.2.1 易去污剂的主要结构

根据第2章阐述的易去污原理，为解决在空气与水中易去污性和防水防油性的相互矛盾，要求其应含有防水性部分和亲水性部分两种性质截然不同的结构成分，促使织物在空气和水中表现出不同的界面特征，即空气中防水防油而水中又具有高亲水性。图3-11为含氟易去污剂的典型结构。

日本大金公司、旭硝子公司等易去污剂主要以上述结构为主。

美国3M公司因为使用电解法生产的单体，所以易去污剂的结构会不同。如3M公司于1964推出的Scotchgard FC-18（C8类）分子结构式如下：

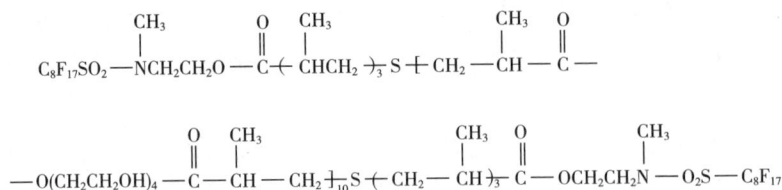

$$C_8F_{17}SO_2-NCH_2CH_2O-\overset{\overset{\displaystyle O}{\|}}{C}\overset{\overset{\displaystyle CH_3}{|}}{(CHCH_2)_3}S(CH_2-\overset{\overset{\displaystyle CH_3}{|}}{CH}-\overset{\overset{\displaystyle O}{\|}}{C}-$$

$$-O(CH_2CH_2OH)_4-\overset{\overset{\displaystyle O}{\|}}{C}-\overset{\overset{\displaystyle CH_3}{|}}{CH}-CH_2)_{10}S(CH_2-\overset{\overset{\displaystyle CH_3}{|}}{CH})_3-\overset{\overset{\displaystyle O}{\|}}{C}-OCH_2CH_2N-\overset{\overset{\displaystyle CH_3}{|}}{O_2S}-C_8F_{17}$$

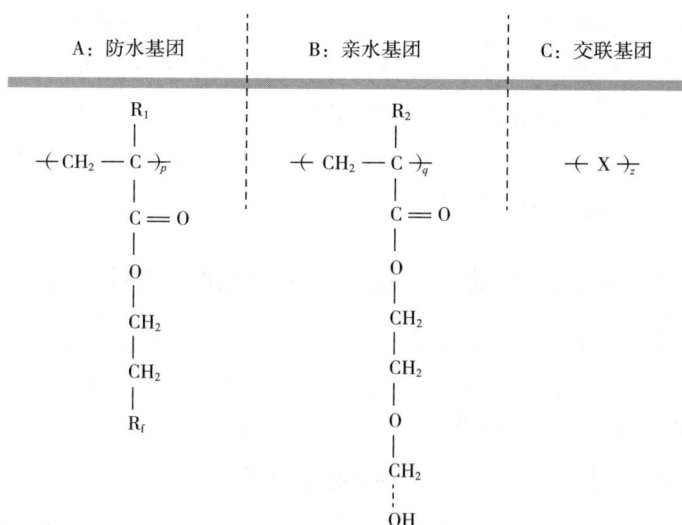

A：防水基团	B：亲水基团	C：交联基团

$$\begin{array}{ccc}
& R_1 & R_2 \\
& | & | \\
+CH_2-C\!\!\!-_p & +CH_2-C\!\!\!-_q & +X\!\!\!-_z \\
& | & | \\
& C\!=\!O & C\!=\!O \\
& | & | \\
& O & O \\
& | & | \\
& CH_2 & CH_2 \\
& | & | \\
& CH_2 & CH_2 \\
& | & | \\
& R_f & O \\
& & | \\
& & CH_2 \\
& & | \\
& & OH
\end{array}$$

$R_f = CF_3CF_2(CF_2CF_2)_m$；$R_1$，$R_2 = H$、$CH_3$；$X = CH_2CHNHCH_2OH$、$CH_2CHNHC(CH_3)_2CH_2COCH_3$

图 3-11　含氟易去污剂典型分子结构示意图

另一种 Scotchgard FC-214（C8 类）的分子结构式如下：

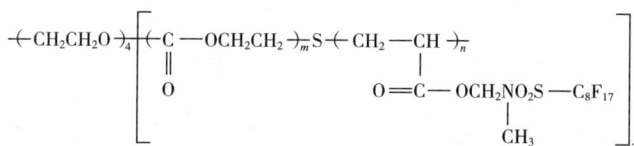

$$+CH_2CH_2O\!\!\!-_4\left[\underset{O}{\overset{||}{C}}-OCH_2CH_2\!\!\!-_mS+CH_2-CH\!\!\!-_n\right]_2$$
$$O\!=\!C-OCH_2NO_2S-C_8F_{17}$$
$$CH_3$$

3.2.2　易去污剂共聚物结构设计

上述典型通式是多元共聚物，各组分的主要成分和作用如下：

【组分 A】：与防水防油剂共聚物的组分 A 一致，主要提供防水防油性。

【组分 B】：主要为含羟基、羧基或聚醚等亲水性链段，主要提供易去污性。常用的有聚乙二醇单(甲基)丙烯酸酯或聚乙二醇二(甲基)丙烯酸酯，通式如下：

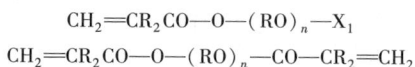

$$CH_2\!=\!CR_2CO-O-(RO)_n-X_1$$
$$CH_2\!=\!CR_2CO-O-(RO)_n-CO-CR_2\!=\!CH_2$$

式中：R_2 为 H 或 CH_3；X_1 为 H 或者碳原子数 1~22 的不饱和或者饱和的烃基；R 为碳原子数 2~6 的亚烷基，优选为 CH_2CH_2；n 为 2~90 的整数。

【组分C】：添加可形成自交联等反应性基团的共聚单体，如含羟甲基、环氧基或羟基的单体，可增加易去污的耐久性、溶于有机溶剂的溶解性、提供柔软性，并提高与被处理织物的密切接触性。常用的有双丙酮丙烯酰胺、（甲基）丙烯酰胺、丁二烯、马来酸衍生物、（甲基）丙烯酸甘油酯、甲基丙烯酸、2-异氰酸酯基乙酯等。

3.2.3　易去污剂共聚物的 Flip-Flop 构造和特性

要赋予易去污剂良好性能，如何积极运用分子链的运动性易于环境反应的分子设计至关重要。大金工业公司的 Sakashita 等对易去污剂共聚物的表面特性、机理等进行了详细的研究。

3.2.3.1　FA/PEGMA 共聚物化学结构

使用以下原料（图3-12）制备 FA 和亲水聚乙二醇甲基丙烯酸酯（PEGMA）的共聚物。

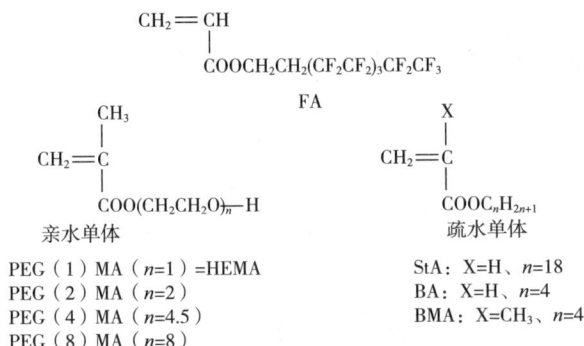

图3-12　FA、亲水单体（PEGMA）和疏水单体（StA、BA、BMA）分子结构

3.2.3.2　Flip-Flop 效应与易去污（SR）性能的关系

选取 FA 与亲水单体的共聚物 FA/HEMA，FA 与疏水单体的共聚物 FA/StA，将两种共聚物分别处理在 PET 布上，然后对炭黑/三油酸甘油酯（CB/TO）复合污渍洗涤后残留的 CB 量和 TO 量进行测定，结果如图3-13所示。当用任一种共聚物处理时，残余 CB 的量和残余 TO 的量随着 FA 含量的增加而变小。但是，两者比较后发现，FA 含量在40%（质量分数）以上时，FA/HEMA 共聚物比 FA/StA 共聚物更容易清洗污垢。

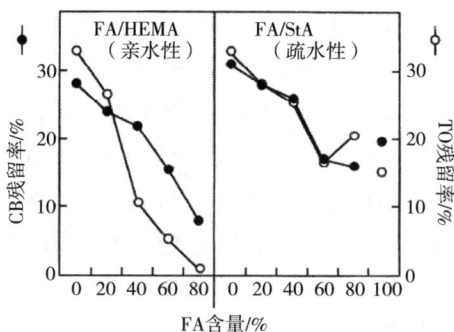

[测试污渍：CB：碳黑，Carbon 简称；TO：三油酸甘油酯，Triolein 简称。下同]。

图 3-13　FA/HEMA 和 FA/StA 共聚物处理 PET 洗涤后的 CB 和 TO 残留率

（数据来源：Sakashita H，Morita M，Kubo M. Mechanism for Soil Release of Fluoroalkyl Acrylate/PEG Methacrylate Copolymers）

　　图 3-14 显示了这些共聚物的表面自由能（纵轴）和处理 PET 布的防油性（柱状图上的数字）。当 FA 含量在 60%（质量分数）以上时，表面自由能相当，任何共聚物的防油性都在 2 级以上。这导致了在上述试验中，无论使用哪一种共聚物进行处理，CB/TO 复合污渍都没有渗入布中。也就是说，在 FA 含量相同的情况下，虽然污渍的附着状态相同，但 FA/HEMA 共聚物比 FA/StA 共聚物更容易清洗污渍。

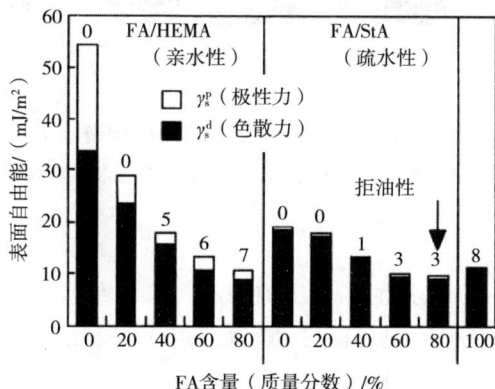

图 3-14　FA/HEMA 和 FA/StA 共聚物处理 PET 布的表面自有能和防油性

（数据来源：Sakashita H，Morita M，Kubo M. Mechanism for Soil Release of Fluoroalkyl Acrylate/PEG Methacrylate Copolymers）

　　图3-15显示了FA/HEMA共聚物和FA/StA共聚物（两者的FA含量均为60%）从空气转移到水中时表面自由能的变化。此处，水中的表面自由能根据Nakamae等的公式计算，将处理后的PET薄膜浸泡6h，然后测量气泡与二碘甲烷之间的接触角。对于空气中的表面自由能，FA/HEMA共聚物和FA/StA共聚物均表现出约10mJ/m²的低表面自由能。另外，在水中，FA/StA共聚物的表面自由能相对较小，与FA均聚物（17mJ/m²）大致相同，但FA/HEMA共聚物要大得多（62mJ/m²），与HEMA均聚物大致相同。由此可知，FA/StA共聚物即使转移到水中，表面结构也几乎没有变化。而FA/HEMA共聚物转移到水中时表面自由能变化较大，特别是极性成分（γ_s^p）的增大尤为显著。这是FA/HEMA共聚物Flip-Flop性的表现及在水中对环境的反应。在空气中R_f基团定向排列显示出的低表面自由能的表面结构，已转变为接近在水中覆盖有亲水基团（—COOCH$_2$CH$_2$OH）的HEMA均聚物的表面结构。

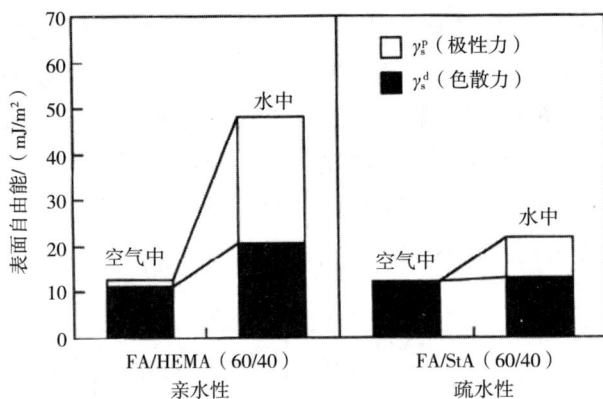

图3-15　FA/HEMA和FA/StA共聚物在空气中及水中的表面自由能

（数据来源：Sakashita H，Morita M，Kubo M. Mechanism for Soil Release of Fluoroalkyl Acrylate/PEG Methacrylate Copolymers）

　　综上所述，FA与亲水性单体（HEMA）的共聚物表现出较低的表面自由能，FA/HEMA共聚物比FA/StA共聚物表现出更高的SR性能。因此，可以认为，SR性能可以通过以下途径得到提升：

　　（1）FA低表面自由能的拒污效应。

　　（2）结构转化带来的易去污效应。由空气中以氟烷基为主的疏水结构转变为水中以亲水基团为主的亲水结构（Flip-Flop效应）。

第4章

防水防油剂的环保动向

4.1 全氟/多氟烷基化合物

全氟/多氟烷基化合物（per-and polyfluoroalkyl substances，PFAS）是一类人造化学物质，是指有机物分子中碳链上连接的氢原子被氟原子全部或部分取代后形成的含有 C—F 键的化合物。PFAS 因其独特的惰性、疏水疏油性、良好的滑动性、拒污性等，自 1940 年以来被广泛应用于化工、纺织品、纸张、包装、涂料、建筑产品和医疗保健产品等工业和消费品领域。

多年来，人们一直认为 PFAS 惰性、无毒，在广泛使用的同时几乎不曾考虑处置对环境或生态的影响。直到 21 世纪初，人们才开始认识到 PFAS 造成的全球污染问题。通过对 PFAS 化合物的研究，人们发现其具有持久性和生物累积性，广泛的应用使其在环境中几乎无处不在。由于 PFAS 不会分解，因此会通过生产液流或废液流进入环境。据了解，目前已制造出超过 4000 种 PFAS 化合物，这些物质可能存在于全球范围的环境中。PFAS 的来源如图 4-1 所示。

PFAS 可分为非聚合物和聚合物两种。非聚合物类的 PFAS 包括全氟烷基羧酸类（PFCA）、全氟烷基磺酸类（PFSA）、全氟烷基磺酰胺类（FOSA）、氟化调聚醇（FTOH）、全氟烷基磷酸酯（PAP）等（表 4-1），其中全氟辛酸（PFOA）和全氟辛烷磺酰基化合物（PFOS）是应用范围和研究最广泛的两种有机氟化物。

第三章防水防油剂结构中已经提到，3M 公司使用电解法生产 C8 防水防油剂时，副产物为 PFOS，而 3M 公司已于 2002 年停止 C8 的生产，转为全部生产 C4 防水防油剂。其他如日本大金等公司都是采用调聚法生产 C8 或者

图 4-1 PFAS 的来源

C6，主要副产物是 PFOA 和 PFHxA。防水防油剂相关的生产方法及其相关副产物见表 4-2。

表 4-1 常见 PFAS 化学物质缩写和化学名称

缩写	化学名称
PFOS	全氟辛烷磺酸
PFHxS	全氟己烷磺酸
PFBS	全氟丁烷磺酸
PFOSA（又称 FOSA）	全氟辛烷磺胺
MeFOSAA	全氟辛烷磺胺基
Et-FOSAA	全氟辛烷磺胺基乙酸
PFOA（又称 C8）	全氟辛酸
PFHxA（又称 C6）	全氟己酸
PFBA（又称 C4）	全氟丁酸
PFNA	全氟壬酸
PFDA	全氟癸酸

表 4-2　防水防油剂制造方法及其相关副产物

类型	C8	C6	C4
电解法	PFOS	PFHxS	PFBS
调聚法	PFOA	PFHxA	PFBA

本章重点介绍 PFOS、PFOA 以及其他 PFAS（PFHxA、PFHxS、PFBS）物质的动向，包括基本信息、危害性、相关政策和法规等。

4.2　全氟辛烷磺酰基化合物

全氟辛烷磺酰基化合物（perfluorooctane sulfonate，PFOS），又称全氟辛烷磺酸盐，CAS No. 1763-23-1，相对分子质量 500.03，化学式 $C_8F_{17}SO_3^-$，分子结构如下所示。

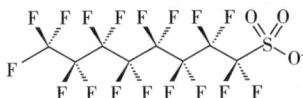

PFOS 的来源是电解法生产 C8 防水防油剂的副产物。

4.2.1　全氟辛烷磺酰基化合物的危害

PFOS 对肝脏、神经系统、心血管系统、生殖系统和免疫系统等具有毒性和致癌性。PFOS 是防水防油性化合物，生物体一旦摄取后，一般优先吸附在蛋白质上。大部分与血液中的血浆蛋白结合，并累积在肝脏组织和肌肉组织中，还会造成呼吸系统病变。动物试验证明，体内积累 2mg/kg 的 PFOS 可导致死亡。婴幼儿对 PFOS 尤其敏感。PFOS 在生物体内持久性强，生物体一旦摄取后，PFOS 分布在肝脏和血液中，难以通过生物体的新陈代谢分解。PFOS 在不同物种体内的"半排出时间"差异很大，老鼠只需要 7.5 天，而人体则需要 8.7 年，所以很难被排出体外。

PFOS 是最难分解的有机污染物。即使在浓硫酸中煮沸也不会分解，在任何环境下试验都没有出现水解、光解或生物降解的现象。

PFOS 有远距离环境迁移能力，污染范围十分广泛。经调查，全世界的地下水、地表水、野生动物和人体中无一例外都存在 PFOS 的踪迹。

随着各国对 PFOS 毒理学和生态学的深入研究，经济合作与发展组织（OECD）于 2002 年 12 月在第 34 次化学品委员会联合会上对 PFOS 发出一项风险评估报告，把它列为一种难分解的可在生物体内积累的有毒化学品（PBT）。研究表明，PFOS 在生物体内的累积水平高于已知的 12 种含氯农药和多氯二噁英等持久性有机污染物，是它们的数百倍、数千倍。

健康与环境风险科学委员会（SCHER）对上述评估进行了科学复核，于 2005 年 3 月 18 日确认，PFOS 是一种持久性、生物积累性和有毒的化学品。

为了确认 PFOS 的危害性，英国环境食品和农业部（Defra）对 PFOS 的危害性进行了 PBT 的独立评估，结果与 OECD 的评估完全一致。

4.2.2　全氟辛烷磺酰基化合物相关政策及法规

4.2.2.1　国际法规——《关于持久性有机污染物的斯德哥尔摩公约》

为推动持久性有机污染物（POPs）的淘汰和削减，保护人类健康和环境免受其危害，国际社会于 2001 年 5 月 23 日在瑞典首都斯德哥尔摩共同缔结了专项环境公约——《关于持久性有机污染物的斯德哥尔摩公约》（简称《斯德哥尔摩公约》）。2004 年 5 月 17 日，最初的 151 个签署国和 128 个团体已经全部批准公约，公约正式生效。2009 年 5 月 8 日，《斯德哥尔摩公约》缔约方大会第四次会议通过了《〈斯德哥尔摩公约〉新增列九种持久性有机污染物修正案》，将全氟辛烷磺酸及其盐类和全氟辛基磺酰氟列入附件 B（限制类），要求停止生产、使用和进出口（特定豁免用途和可接受用途除外），该修正案于 2010 年生效。对于不同用途的 PFOS 规定了不同的限制要求：

（1）物质或制品中应小于 0.005%（即 50mg/kg）。

（2）半成品或成品或它们的部件中应小于 0.1%。

（3）纺织品和其他涂层材料应小于 $1\mu g/m^2$。

4.2.2.2　欧盟

目前更新的欧盟法规（EC）No.850/2004 及其 2010～2014 年的 4 次修订内容，或对应的欧盟新法规所规定的 PFOS 限制要求，是管控 PFOS 类物质的主要法规，它们取代了欧盟指令 2006/122/EC《全氟辛烷磺酸（PFOS）的销售与使用限制令》。以下是（EU）No.757/2010 欧盟法规的主要内容。

（1）从 2010 年 8 月 25 日起生效，关于包括无意识副产物在内的 PFOS 在不同对象中的限制要求。

①在物质或配制品中 PFOS 含量>10mg/kg（质量分数 0.001%）时不能生产、投放市场或使用。

②在半成品、物品或它们的部件中 PFOS 含量≥1000mg/kg（质量分数 0.1%）时不能生产、投放市场或者使用。

③在纺织品或者其他涂层材料中 PFOS 含量≥1μg/m² 时不能生产、投放市场或使用。

（2）豁免条款。

①在 2006 年 12 月 27 日之前投放市场的灭火泡沫可使用到 2011 年 6 月 27 日。

②若排放到环境中的 PFOS 量被减到最低水平，下列物品允许生产、投放市场或使用：受控电镀系统的润湿剂可使用到 2015 年 8 月 26 日；用于照相制版工艺的光致抗蚀剂或抗反射涂层；用于胶片、相纸或印刷版中的照相涂层；用于在密封系统中非装饰性硬六价铬镀层的防雾剂；用于航空液压油。

2010 年，欧盟将 PFOS 列入 POPs 限制附录Ⅰ中。

2020 年颁发的（EU）2020/1203，修订了 PFOS 的豁免要求。

2020 年 2 月，欧洲食品安全局（EFSA）对四种 PFAS 限制每周允许摄入量（TWI）为 8ng/kg bw（全氟辛酸、全氟壬酸、全氟己烷磺酸和全氟辛烷磺酸的总和）。更新了食品中 PFOA 和 PFOS 的 TWI，分别为 13ng/kg bw（PFOS）和 6ng/kg bw（PFOA）。

4.2.2.3 美国

2002 年，美国环境保护署（EPA）颁布了两项关于 PFOS 及其相关化学物质的有毒物质控制法案（TSCA）下的重要新用途规则（SNURs），该 SNURs 在 2007 年经修订后将有毒物质增加到 183 项。2013 年 EPA 再次修订关于 PFOS 相关物质的 SNUR，颁布了限制地毯及地毯清洁产品中其他长链羧酸使用的规则，2015 年又提议将 20 种全氟羧酸的所有用途列入 SNUR。

4.2.2.4 日本

2010 年 4 月，日本将全氟辛烷磺酸及其盐类（PFOS）和全氟辛基磺酰氟（PFOSF）纳入《化学法》第Ⅰ类指定的化学物质，对化学物质进行评估并对其生产进行了规定。例如，为制造商开发批准这些化学物质进口和出口的系统，并限制这些化学物质的使用（特定条件下除外）。

日本贸易经济产业省（Meti）禁止进口三种含有全氟辛烷-1-磺酸（PFOS）及其盐的产品，该禁令于 2018 年 10 月 1 日生效。同时从允许使用全氟辛烷磺酸及其盐的清单中删除以下应用（2018 年 4 月 1 日生效）：蚀刻剂的制造（限于用于制造化合物半导体的蚀刻剂，压电滤波器或无线设备可通过该蚀刻剂发送和接收频率为 3MHz 或更高的无线电波）；半导体用抗蚀剂的制造；商业摄影胶片的制造。

4.2.2.5 中国

2013 年 8 月，全国人大常委会批准关于新增列全氟辛烷磺酸及其盐类（PFOS）和全氟辛基磺酰氟（PFOSF）等 10 种持久性有机污染物（POPs）的修正案。2014 年 3 月 25 日，环保部（现生态环境部）等 12 个部委联合发文，自 2014 年 3 月 26 日起，禁止全氟辛烷磺酸及其盐类和全氟辛基磺酰氟除特定豁免和可接受用途外的生产、流通、使用和进出口。其中特定豁免期为 5 年，到 2019 年 3 月 25 日结束。

（1）6 种 PFOS 特定豁免用途。

①半导体和液晶显示器（LCD）行业所用的光掩膜。

②金属电镀（硬金属电镀）。

③金属电镀（装饰电镀）。

④某些彩色打印机和彩色复印机的电子和电器元件。

⑤用于控制红火蚁和白蚁的杀虫剂。

⑥化学采油的生产和使用。

（2）7 种 PFOS 可接受用途。

①照片成像。

②半导体器件的光阻剂和防反射涂层。

③半导体和陶瓷滤芯的刻蚀剂。

④航空液压油。

⑤只用于闭环系统的金属电镀（硬金属电镀）。

⑥某些医疗设备［如乙烯—四氟乙烯共聚物（ETFE）层和无线电屏蔽 ETFE 的生产，体外诊断医疗设备和 CCD 滤色仪］。

⑦灭火泡沫。

自 2019 年 3 月 26 日起，禁止全氟辛烷磺酸及其盐类和全氟辛基磺酰氟除可接受用途外的生产、流通、使用和进出口。

2019 年 11 月，国家发改委根据《斯德哥尔摩公约》，将全氟辛烷磺酸及其盐类和全氟辛基磺酰氟（可接受用途为限制类）列为落后产品。

另外，PFOS 被列入了《优先控制化学品名录》（第一批），PFOA 被列入了《优先控制化学品名录》（第二批），均属于被鼓励替代化学品，纳入《国家鼓励的有毒有害原料（产品）替代品目录》。根据《产业结构调整指导目录》（2019 年版本），全氟辛烷磺酰基化合物（PFOS）和全氟辛酸（PFOA）及其盐类的替代品和替代技术开发和应用属于鼓励类技术，客观上推进了 PFOS 和 PFOA 的淘汰。可接受用途的 PFOS 以及 PFOA 的生产装置属于限制类，也限制了这类产品的扩大生产。

因此，在中国，PFOS 已经从生产和进出口环节被严格限制管理。

4.3　全氟辛酸

全氟辛酸（perfluorooctanoic acid，PFOA），又称 C8。CAS No. 335-67-1，相对分子质量 414.09，化学式 $C_7F_{15}COOH$，分子结构如下所示。

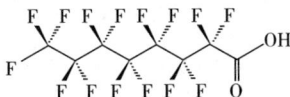

就含氟防水防油剂产品而言，PFOA 的来源主要有以下两个途径：

第一，生产过程中产生的副产物。使用调聚法生产 C8 防水防油剂，PFOA 本身并不作为原料使用，而是在合成反应过程中产生的微量副产物，过程如图 4-2 所示。

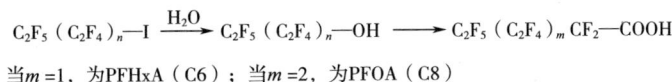

$$C_2F_5（C_2F_4）_n\!-\!I \xrightarrow{\;H_2O\;} C_2F_5（C_2F_4）_n\!-\!OH \longrightarrow C_2F_5（C_2F_4）_m CF_2\!-\!COOH$$

当 $m=1$，为 PFHxA（C6）；当 $m=2$，为 PFOA（C8）

图 4-2　PFOA 的产生

第二，环境中降解产生。C8 防水防油剂是全氟烷基化合物，它们在环境综合条件的影响下，随着时间的推移也会慢慢降解为长链全氟烷基酸。例如，C8 防水防油剂中存在的微量 8∶2 氟调聚丙烯酸酯（8∶2 FTA），在环境中可以先代谢为氟调聚醇类（8∶2 FTOH），最终代谢为全氟羧酸类（PFCA），如 PFOA 等；又如，用全氟辛烷磺酰胺类为主要活性成分组成的含氟织物整理剂在环境中降解 PFOS 等。目前，在美国化学文摘登记目录中已发现有 96 种不同的氟化有机物可在环境中通过降解生成 PFOS，其中就包括全氟烷基羧酸类、全氟烷基磺酸类、全氟烷基酰胺类以及全氟烷基调聚醇类等。

图 4-3 以全氟辛基磺酸类防水防油整理剂为例子，图解向自然界释放 C8 物质的过程。由于酯基易水解，游离的含氟单体或聚合物主链上的全氟辛基磺酸基团经过降解产生 PFOS。同理，调聚全氟辛基乙醇（fluorotelomer alcohol，8∶2 FTOH，1H，1H，2H，2H-perfluorodecanol），经过水解、降解过程，FTOH 游离于自然界中并进入食物链。

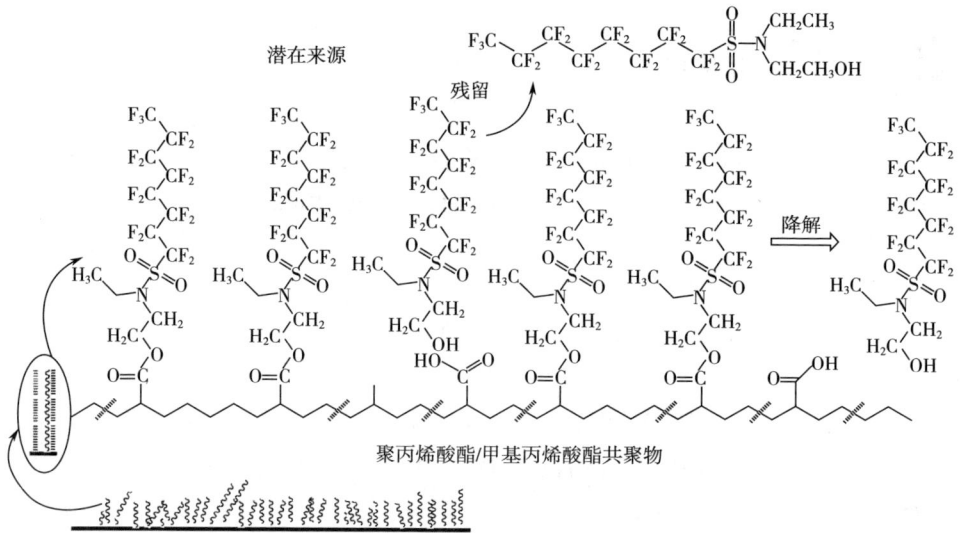

图 4-3 C8 物质向自然界释放的过程

4.3.1 全氟辛酸的危害

4.3.1.1 难降解性

PFOA 的持久性强，是目前最难分解的有机污染物之一。近年的研究表明，即使把 PFOA 长期浸泡在强氧化剂或强酸溶液中也不易分解，它对新陈代谢作用、水解作用、光解作用和生物降解作用等都非常稳定，唯一能使

PFOA 分解的条件与 PFOS 相同，即在高温下进行焚烧。医学研究证实，PFOA 的半衰期存在显著的种属差异，但是都很长。经过推算，人体内 PFOA 的半衰期长达 4.37 年左右。

4.3.1.2　生物累积性强

大量研究表明，当 PFOA 通过消化道和呼吸道进入生物体内后不会在脂肪组织中富集，而是与血浆蛋白发生键合存在于血液中，其余则在肝脏、肾脏和肌肉等组织中蓄积，也会在环境中长期积聚并进入食物链中，呈现出明显的生物累积性。研究也表明，对于化学性质稳定的 PFOA 而言，还没有发现它在环境中及生物体内降解的证据，而且很难被生物体排出。

4.3.1.3　毒性大

近年来，有关组织对 PFOA 的致癌突变研究发现，PFOA 具有生殖毒性、发育毒性、神经毒性、免疫毒性和诱变毒性等多种毒性。PFOA 可导致动物在肝脏、胰腺和睾丸等不同部位出现肿瘤，从而诱发癌症；若吸入高剂量的 PFOA，则会引起多个部位的癌症、胚胎畸形等多种疾病，因此 PFOA 是能够引起动物全身多脏器毒性以及发生癌变的环境污染物。美国环保署科学顾问委员会的一份调查报告中指出，PFOA 有可能是导致人体癌变的一个因素。

4.3.1.4　远距离环境迁移性强

研究表明，化学性质稳定的 PFOA 进入自然环境和人体后会长期存在，不会很快分解或降解，污染范围十分广泛。研究还指出，低剂量的 PFOA 不仅出现在河流、海洋和土壤中，还存在于人体的血液和多个组织中。PFOA 在动物试验中被证实有致癌作用并会产生其他不良后果，它广泛地存在于自然环境和人体内，后果令人担忧。

4.3.2　全氟辛酸相关政策及法规

4.3.2.1　国际法规——《关于持久性有机污染物的斯德哥尔摩公约》

2019 年，国际斯德哥尔摩公约第九次缔约方大会批准增列 PFOA、PFDA 盐类及其相关化合物为 POPs，包括中国在内的 180 多个国家同意根据《关于持久性有机污染物的斯德哥尔摩公约》禁止生产和使用 PFOA、PFOA 盐类及其相关化合物。此外，包括中国在内的 18 个成员国有 12 个月的时间完全实施这项禁令。公约对中国、欧盟和伊朗准许了额外的 PFOA 豁免，用于生产含氟聚合物、医用纺织品和电线。

4.3.2.2 欧盟

欧盟 PFOA 相关政策及法规时间轴如图 4-4 所示。

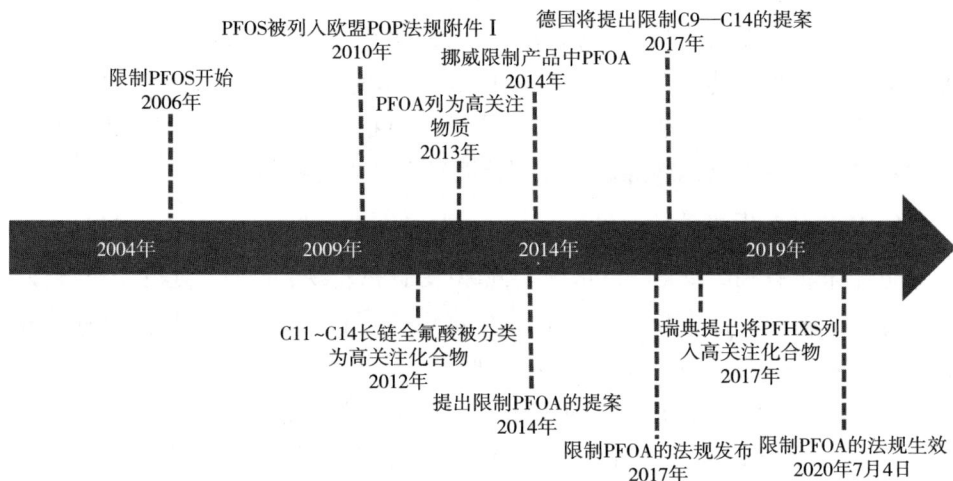

图 4-4　欧盟 PFOA 环保规制时间轴

2013 年 6 月，PFOA 被 REACH 法规归类为持久性、生物累积性、毒性物质（PBT），并在 2013 年 6 月 20 日被纳入 REACH 法规中高度关注物质（SVHC）清单。

2013 年 6 月 28 日，挪威环保局宣布了消费品中 PFOA（包括全氟辛酸及其盐类和酯类）的国家禁令，并依此禁令修订了《挪威产品法》第 2~32 节，列入了"含有全氟辛酸铵的消费品"项目，其限制要求为：

（1）在纯物质和混合物中 PFOA 含量>10mg/kg 时，从 2014 年 6 月 1 日起不能生产、投放市场或使用，而其中的半导体黏合剂以及胶片、相纸或屏幕的照相涂层则于 2016 年 1 月 1 日起生效。

（2）在纺织品、地毯、表面有涂层的消费品中 PFOA 含量>1μg/m² 时，从 2014 年 6 月 1 日起不能生产、投放市场或使用。

（3）在其他消费品中 PFOA 含量>0.1%（即 1000mg/kg）时，从 2014 年 6 月 1 日起不能生产、投放市场或使用，而其中的半导体中箔或磁带则于

2016 年 1 月 1 日起生效。

（4）下列物品豁免：食品包装和食品接触材料、医疗设备，2014 年 6 月 1 日之前销售的消费品备用零件。

2014 年 10 月，德国和挪威向欧盟化学品管理局（ECHA）提议将 PFOA 加入 REACH 附件 XVII，对 PFOA 生产、投放市场及使用加以限制。

2015 年 8 月和 12 月，ECHA 风险评估委员会（RAC）和社会经济委员会（SEAC）相继发布其观点，对提案中的限量和管控范围进行了调整。委员会认为 PFOA 及其盐类和相关物质的生产、投放市场和使用，会对人类健康和环境产生不可接受的风险，应该加以限制。

2017 年 6 月 14 日，欧盟官方公报发布新法规（EU）2017/1000，对欧盟 REACH 法规附件 XVII 进行修订，新增一项限制物质全氟辛酸（PFOA）及其盐类和相关物质。根据该新法规，2020 年 7 月 4 日起，当物品或者混合物中 PFOA 及其盐类质量分数 $\geqslant 25 \times 10^{-9}$（即 $\geqslant 0.025 \mathrm{mg/kg}$）、PFOA 相关物质单项或者总质量分数 $\geqslant 1000 \times 10^{-9}$（即 $\geqslant 1 \mathrm{mg/kg}$）时不得生产或者投放市场。

2020 年 6 月 15 日，欧盟在其官方公报发布欧盟 POPs 法规［（EU）2019/1021］的修订指令（EU）2020/784，增加 PFOA 及其盐类和相关物质到 POPs 法规附件 I，此修订指令于 2020 年 7 月 4 日生效。同时，欧盟委员会计划在此修订指令生效之日起将 PFOA 及其盐类和相关物质从 REACH 法规附录 17 的限用物质清单中删除。此次修订，POPs 法规附件 I 新增的内容见表 4-3。

表 4-3　欧盟 POPs 法规附件 I 中 PFOA 相关内容

物质名称	限制要求及豁免
全氟辛酸（PFOA）及其盐类和相关化合物 CAS No. 335-67-1 及其他 EC 号：206-397-9 及其他 全氟辛酸（PFOA）及其盐类和相关化合物包括： i . 全氟辛酸，包括支链同分异构体 ii . 全氟辛酸的盐类	1. 在物质、混合物或物品中存在的 PFOA 或其任何盐的浓度等于或低于 0.025mg/kg 2. 在物质、混合物或物品中，任何 PFOA 相关化合物单项或总和等于或低于 1mg/kg 3. 如果它们存在于第 1907/2006 号法规（EC）第 3 条第 15（c）点所指的用作运输的可分离的中间体的物质中，并且满足该法规第 18（4）（a）~（f）条中规定的严格控制条件，用于生产碳链等于或小于 6 个原子，PFOA 相关物质的浓度不超过 20mg/kg。委员会应不迟于 2022 年 7 月 5 日对该豁免进行审查和评估 4. 在聚四氟乙烯（PTFE）微粉中存在的 PFOA 及其盐类的浓度不超过 1mg/kg，该微粉是由高达 400 千戈瑞的电离辐射或热降解产生的，也适用于含聚四氟乙烯微粉的工业和专业用途。在聚四氟乙烯微粉的

物质名称	限制要求及豁免
ⅲ. PFOA 相关物质是指任何可以分解产生 PFOA 的物质，包括任何碳链结构含有支链或直链的全氟庚烷基且具有 (C_7F_{15}) C 作为结构要素之一的物质（包括盐类和聚合物） 以下物质不属于 PFOA 相关物质： ⅰ. C_8F_{17}—X，X = F，Cl，Br ⅱ. 具有 $CF_3(CF_2)_n$—R′结构的全氟聚合物，这里的 R′可以是任何官能团，$n > 16$ ⅲ. 含 8 个及 8 个以上碳原子的全氟羧酸（包括它们的盐类、酯类、卤化物和酸酐） ⅳ. 含 9 个及 9 个以上碳原子的全氟烷基磺酸和全氟膦酸（包括它们的盐类、酯类、卤化物和酸酐） ⅴ. 本附件中所列的全氟辛烷磺酸及其衍生物	制造和使用过程中，应避免全氟辛烷磺酸的排放，如果不能达成，应尽可能减少。委员会应不迟于 2022 年 7 月 5 日对该豁免进行审查和评估 5. 考虑到豁免，应允许生产、投放市场和使用 PFOA 及其盐类和 PFOA 相关化合物用于以下目的： （a）半导体制造业中的光刻或蚀刻工艺，至 2025 年 7 月 4 日； （b）在胶片上使用摄影涂料，至 2025 年 7 月 4 日； （c）用于保护工人免受危害其健康和安全的危险液体伤害的防油防水纺织品，至 2023 年 7 月 4 日之前； （d）侵入性和植入式医疗器械，至 2025 年 7 月 4 日； （e）聚四氟乙烯（PTFE）和聚偏氟乙烯（PVDF）的制造，用于生产： ⅰ. 高性能耐腐蚀气体滤膜、水滤膜和医用纺织品用滤膜； ⅱ. 工业废热交换器设备； ⅲ. 能够防止挥发性有机化合物和 PM2.5 微粒泄漏的工业密封剂，直到 2023 年 7 月 4 日 6. 在 2025 年 7 月 4 日之前，应允许在灭火泡沫中使用 PFOA 及其盐类和 PFOA 相关化合物，以抑制液体燃料蒸汽和液体燃料火灾（B 类火灾），这些灭火泡沫已安装在系统中，包括移动和固定系统，但须满足以下条件： （a）含有或可能含有 PFOA 及其盐类和/或 PFOA 相关化合物的消防泡沫不得用于培训； （b）含有或可能含有 PFOA 及其盐类和/或 PFOA 相关化合物的消防泡沫不得用于试验或测试，除非所有释放物得到有效控制； （c）自 2023 年 1 月 1 日起，仅允许在能有效处理所有释放物的场所使用含有或可能含有 PFOA 及其盐类和/或 PFOA 相关化合物的灭火泡沫； （d）含有或可能含有 PFOA 及其盐类和/或 PFOA 相关化合物的消防泡沫储应按照第 5 条进行管理 7. 允许使用含全氟辛基碘化物的全氟辛基溴用于生产药品，并于 2026 年 12 月 31 日，随后每四年以及 2036 年 12 月 31 日委员会对此进行审查和评估 8. 应允许在 2020 年 7 月 4 日之前已经在欧盟使用的含有 PFOA 及其盐类和/或 PFOA 相关化合物的物品，第 4（2）条的第三和第四段适用于此类物品 9. 允许在 2020 年 12 月 3 日之前在下列条款中使用 PFOA 及其盐类和/或 PFOA 相关化合物： （a）法规（EU）2017/745 范围内的非植入式医疗器械； （b）乳胶油墨； （c）等离子纳米涂层

为防止使用更长链的化合物取代 PFOA，2021 年 8 月 4 日，欧盟在其官方公报上发布（EU）2021/1297，修订 REACH 法规附录 XVII（限制物质清单），将原第 68 项全氟辛酸（PFOA，已被移入欧盟 POP 法规）替换为：碳链上碳原子为 9~14 的全氟羧酸（简称 C9~C14 PFCA），及其盐类和相关物质。新 68 项 PFCA（C9~C14）限制内容见表 4-4。

表 4-4　REACH 法规附录 XVII（新 68 项）PFCA（C9—C14）限制内容

物质名称	限制要求及豁免
1. 分子式为 C_nF_{2n+1}—COOH 的直链和支链全氟羧酸，其中 $n=8$、9、10、11、12 或 13（即 C9~C14 PFCAs），包括其盐类和任何组合 2. 任何含有全氟基团，分子式 C_nF_{2n+1}—，直接连在另一个碳原子上，其中 $n=8$、9、10、11、12 或 13 的 C9~C14 全氟羧酸相关物质，包括其任何组合 3. 任何含有全氟基团，分子式 C_nF_{2n+1}—，不直接连在另一个碳原子上，其中 $n=9$、10、11、12、13 或 14 作为结构元素之一的 C9~C14 全氟羧酸相关物质，包括其任何组合	1. 2023 年 2 月 25 日起，该物质本身不得制造及投放市场 2. 2023 年 2 月 25 日起，不得将物质用于或在以下产品中投放市场： （a）作为另一物质的组分； （b）混合物； （c）物品 除非物质、混合物或物品中 C9~C14 PFCA 及其盐类的总浓度小于 25μg/kg，或 C9~C14 PFCA 相关物质的总浓度小于 260μg/kg 3. 作为第 2 条的豁免，如 C9~C14 PFCA、其盐类及相关物质作为生产含碳链小于等于 6 个原子的含氟化合物的副产物（生产过程符合本法规第 18（4）条中第（a）~（f）规定的严格可控条件）存在于用作可转移的分离中间体的物质中，其在该物质中的总浓度限值为 10mg/kg。委员会应于 2023 年 8 月 25 日前审核该限值 4. 自 2023 年 7 月 4 日起，第 2 条将适用于以下产品： （a）用于保护工人免受危害其健康和安全的危险液体伤害的防油防水纺织品； （b）聚四氟乙烯（PTFE）和聚偏氟乙烯（PVDF）的制造，用于生产： ——高性能耐腐蚀气体滤膜、水滤膜和医用纺织品用滤膜； ——工业废热交换器设备； ——能够防止挥发性有机化合物和 PM 2.5 微粒泄漏的工业密封剂 5. 作为第 2 条的豁免，2025 年 7 月 4 日前，C9~C14 PFCA、其盐类及其相关物质允许用于以下产品： （a）半导体制造业中的光刻或蚀刻工艺； （b）用于胶片的感光涂层； （c）侵入式和植入式医疗器械； （d）已安装在移动或固定系统中用于抑制液体燃料蒸汽和液体燃料火灾（B 级火灾）的灭火泡沫，但需满足以下条件：

物质名称	限制要求及豁免
以下物质不属于本范围： 1. 分子式为 C_nF_{2n+1}—X （a）X=F、Cl 或 Br； （b）n=9、10、11、12、13 或 14 2. 分子式为 C_nF_{2n+1}—COOX′ （a）n>13； （b）X′ 为任何基团，包括盐类	——含有或可能含有 C9~C14 PFCA、其盐类及其相关物质的灭火泡沫不得用于培训； ——含有或可能含有 C9~C14 PFCA、其盐类及其相关物质的灭火泡沫不得用于测试，除非其释放物能被控制； ——自 2023 年 1 月 1 日起，仅允许在可控制所有释放物的场所使用含有或可能含有 C9~C14 PFCAs、其盐类及其相关物质的灭火泡沫； ——含有或可能含有 C9~C14 PFCA、其盐类及其相关物质的灭火泡沫库存应按照持久性有机污染物（POPs）法规（EU）2019/1021 第 5 条管理 6. 第 2（c）条不适用于 2023 年 2 月 25 日前投放市场的物品 7. 2028 年 8 月 25 日前第 2 条不适用于压力式定量气雾装置的罐内涂层 8. 第 2（c）条自 2023 年 12 月 31 日起适用于： （a）半导体本身； （b）半成品或成品电子设备中的半导体 9. 第 2（c）条自 2030 年 12 月 31 日起适用于 2023 年 12 月 31 日之前投放市场的成品电子设备的配件或替换件中使用的半导体 10. 在 2024 年 8 月 25 日之前，在含有全氟烷氧基的氟塑料和氟弹性体中，第 2 段所述的 C9~C14 PFCA 总浓度限值应为 2000μg/kg。自 2024 年 8 月 25 日起，含全氟烷氧基的氟塑料和含氟弹性体中 C9~C14 PFCA 的总浓度限值为 100μg/kg。在制造和使用含有全氟烷氧基的氟塑料和氟弹性体过程中，应避免所有 C9~C14 PFCA 的排放，如无法避免，应在技术和实际允许的情况下尽可能减少排放。为不与第 2（c）条冲突，本条不适用于第 2（c）条中提到的物品。委员会应于 2024 年 8 月 25 日前审核本豁免条款 11. 如 C9~C14 PFCA 存在于通过电离辐射或热降解产生的 PTFE 微粉或含 PTFE 微粉的工业和专业用混合物和制品中，其第 2 段所述浓度限值应为 1000μg/kg。在 PTFE 微粉的制造和使用过程中，应避免所有 C9~C14 PFCA 的排放，如无法避免，应在技术和实际允许的情况下尽可能减少排放。委员会应于 2024 年 8 月 25 日前审核本豁免条款 12. 就本项限制而言，C9~C14 PFCA 相关物质是指根据分子结构被认为有降解或转换为 C9~C14 PFCA 的潜在可能性的物质

根据上述法规要求，附件 XⅦ 第 68 项所管控的 C9~C14 PFCA、其盐类和相关物质包含以下 6 项全氟羧酸。

PFNA：C9-PFCA 全氟壬酸；

PFDA：C10-PFCA 全氟癸酸；

PFUdA：C11-PFCA 全氟十一烷酸；

PFDoA：C12-PFCA 全氟十二烷酸；

PFTrDA：C13-PFCA 全氟十三烷酸；

PFTeDA：C14-PFCA 全氟十四烷酸。

目前这 6 项物质及部分盐类已被列入 SVHC 清单。

4.3.2.3　美国

美国 PFOA 相关政策及法规时间轴如图 4-5 所示。

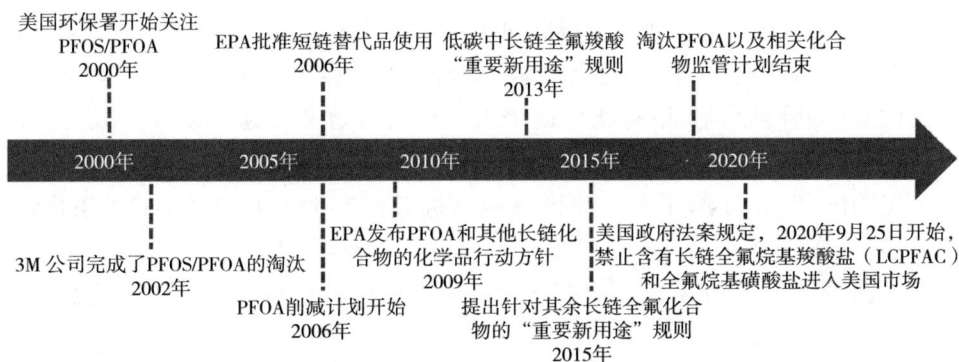

图 4-5　美国 PFOA 环保规制时间轴

2006 年，美国环保署（EPA）召集全球主要氟化工巨头约谈 PFOA 的淘汰问题，最后形成 PFOA 2010/2015 Stewardship Program（PFOA 自主削减计划），主要分两个阶段实施。

第一阶段：针对 PFOA、其前驱体、C8 以上的类缘物质，制品中含有量/工厂排出量至 2010 年止较基准年减少 95%。

第二阶段：针对 PFOA、其前驱体、C8 以上的类缘物质，制品中含有量/工厂排出量至 2015 年止为零。

截至 2015 年 12 月底，所有目标已全部实现。参与的主要企业有 3M 子公司 Dyneon 公司、阿科玛、AGC 化学/旭硝子、汽巴精化、科莱恩公司、日本大金、杜邦公司、苏威集团。

2020 年 7 月 27 日，美国环保署（EPA）发布了一项关于长链全氟烷基羧酸盐（LCPFAC）和全氟烷基磺酸盐化学物质的最终显著新用途规则（SNUR）。这项规则援引联邦公告（85 Fed. Reg. 45109）。最终规则于 2020 年 9 月 25 日起生效，主要内容如下：

（1）法规摘要。其实对于这两类物质的重点管控要求，在前几年就已经开始。根据《有毒物质控制法》（TSCA），美国环保署（EPA）正在最终确定以下修正案：

①2015 年 1 月 21 日提出长链全氟烷基羧酸盐（LCPFAC）化学物质和全氟烷基磺酸盐（PFAS）化学物质的显著新用途规则（SNUR）的修订。

②2020 年 3 月 3 日提出 LCPFAC 化学物质作为进口物品表面涂层的一部分时，不再适用物品豁免条例。

该最终显著新用途规则（SNUR）要求如下：若在美国境内生产（包括进口）或加工本文中提及的用于显著新用途的化学物质，需要在活动前 90 天通知 EPA，EPA 会针对必要的显著新用途申报启动评估。在 EPA 完成审查、做出决定之前，禁止该物质开始用于显著新用途的活动。此规则于 2020 年 9 月 25 日开始实施。

（2）哪些情形需要显著新用途申报？最终显著新用途规则（SNUR）要求以下情况需要在活动开始前的 90 天通知 EPA。

①2015 年 12 月 31 日后，生产（包括进口）或加工 LCPFAC 的子集化学物质的任何用途。

②2015 年 1 月 21 日后，生产（包括进口）或加工 LCPFAC 的其他物质的任何用途。

③LCPFAC 子集化学物质作为进口物品表面涂层的一部分。

④LCPFAC 子集化学物质作为进口地毯的一部分。

（3）名词定义。

①表面涂层。有内表面涂层和外表面涂层，以及尽管不是最外面的涂层，只要涂抹在物品表面，都属于表面涂层的定义。

②LCPFAC。指全氟烷基羧酸酯化学物质的长链类，全氟碳链长度等于或大于 7 个碳，小于或等于 20 个碳。

③LCPFAC 子集化学物质。全氟化羧酸盐及其前体（全氟烷基磺酸盐）。

（4）哪些物质及用途情况需要做 SNUN（显著新用途申报）？

①长链全氟烷基羧酸（LCPFAC）。以下物质用于生产（包括进口）或加工成为地毯的部分或地毯处理（地毯护理市场），需要进行显著新用途申报：

（ⅰ）$CF_3(CF_2)_n$—COO—M，M ＝H 或其他可能解离的基团；

（ⅱ）$CF_3(CF_2)_n—CH=CH_2$；

（ⅲ）$CF_3(CF_2)_n—C(=O)—X$，X 为任一化学基团；

（ⅳ）$CF_3(CF_2)_m—CH_2—X$，X 为任一化学基团；

（ⅴ）$CF_3(CF_2)_m—Y—X$，Y 不能为 S 或 N 杂原子，X 为任一化学基团。

以下两个长链全氟烷基羧酸物质（LCPFAC）作为地毯清洁产品的表面活性剂时，不视为显著新用途：

（ⅰ）磷酸全氟 C6-12-烷基衍生物（CAS No. 68412-68-0）；

（ⅱ）次磷酸双（全氟 C6-12-烷基）衍生物（CAS No. 68412-69-1）。

②部分全氟磺酸盐（PFAS）。生产（包括进口）或加工物质（Table 1-4）的用途都需要显著新用途申报（SNUN），Table 2-3 中的物质是以下用途时，不被认定为显著新用途：

（ⅰ）用作航空液压油中阻燃磷酸酯的抗侵蚀添加剂；

（ⅱ）用作光刻蚀物质（包括光酸发生器或表面活性剂）的组成部分，或用作抗反射涂层的组成部分，用于显微光刻工艺，以生产半导体或类似的电子器件或其他微型器件的组件；

（ⅲ）用于模拟和数字成像胶片、纸张和印版的表面张力、静态放电和附着力控制的涂层，或作为处理成像胶片的混合物中的表面活性剂；

（ⅳ）仅用作中间体，以生产仅用于本条第（ⅰ）、（ⅱ）或（ⅲ）段所列用途的其他化学物质；

（ⅴ）四乙铵全氟辛烷磺酸盐（CAS No. 56773-42-3）作为在金属表面处理和电镀镀液中用作烟雾/雾抑制剂；

（ⅵ）全氟代戊基磺酸钾（CAS No. 3872-25-1），N-乙基-N-[（十三氟己基）磺酸基] 甘氨酸钾盐（CAS No. 67584-53-6），N-乙基-N-[（十五氟庚基）磺酰基] 甘氨酸钾盐（CAS No. 67584-62-7），1,1,2,2,3,3,4,4,5,5,6,6,7,7,7-十五氟-1-庚烷磺酸（CAS No. 68259-07-4），N-乙基-1,1,2,2,3,3,4,4,5,5,5,6,6,7,7,7-十五氟庚烷-1-磺酰胺（CAS No. 68957-62-0），N-乙基-1,1,2,2,3,3,4,4,5,5,6,6,7,7,7-五十六氟-N-[2-(2-甲氧基乙氧基）乙基] 庚烷-1-磺酰胺（CAS No. 68958-60-1），1,1,2,2,3,3,4,5,5,6,6-十三氟己烷-1-磺酸（CAS No. 70225-16-0）在生产电子设备的电镀过程中，作为腐蚀剂的组成部分，包括表面活性剂或消烟剂。

4.3.2.4　日本

2021 年 4 月 21 日，日本把 PFOA 化学物质追加到化审法第一种特定化学

物质。企业从 2021 年 10 月 22 日开始不得进口包含内阁令指定的任何 PFOA
和/或其盐类的产品。包含的产品有：

（1）经过耐水功能或耐油功能加工处理的纸。

（2）经过防水功能或防油功能加工处理的面料。

（3）洗涤剂。

（4）用于制造半导体的反射防止剂。

（5）涂料及清漆。

（6）水加工剂及防油加工剂。

（7）黏着剂玻璃胶用的填充料。

（8）灭火器、灭火器的药剂及泡沫灭火药剂。

（9）调色剂。

（10）经过防水功能或防油功能加工处理的成衣。

（11）经过防水功能或防油功能加工处理的床上用品。

（12）地板用的蜡油。

（13）业务用的胶卷。

4.3.2.5　中国

中国 PFOA 相关政策及法规动向时间轴如图 4-6 所示。

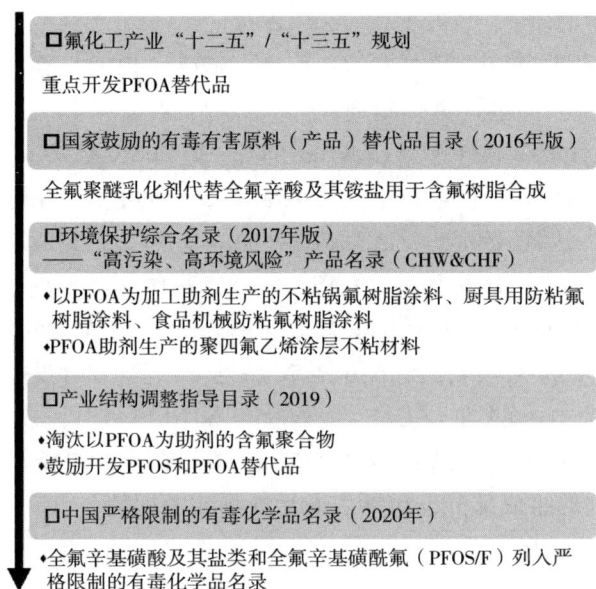

图 4-6　中国 PFOA 环保规制时间轴

近年来中国对 PFOA 的管控要求不断增加。2014 年中国全面履行《关于持久性有机污染物的斯德哥尔摩公约》以来，有关方开始关注 PFOA 的生产和使用，关于 PFOA 管控的产业政策、标准、规范制定进度加快。

4.4 其他全氟/多氟烷基化合物

4.4.1　全氟己酸

全氟己酸，又称"C6"，（perfluorohexanoic acid，PFHxA），CAS No. 307-24-4，相对分子质量 314.053，化学式 $C_5F_{11}COOH$，分子结构式如下所示。

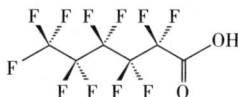

就含氟防水防油剂产品而言，PFHxA 的来源主要是以下途径：使用调聚微量副产物，类似于 PFOA 的生产。

2021 年 12 月 9 日，欧盟社会经济分析委员会（SEAC）就德国关于限制全氟己酸（PFHxA）及其盐类和相关物质的提案通过了最终意见。此前，风险评估委员会（RAC）已于 2021 年 6 月发表了一项意见，要求限制 PFHxA 及其盐类和相关物质的使用。在收到两个委员会的意见后，欧盟委员会通常会在三个月内制定关于 REACH 法规限制篇修订案的草案文件，草案文件通过后，对于 PFHxA 及其盐类和相关物质的管控将正式纳入 REACH 法规限制篇管控。PFHxA 管控提议内容见表 4-5。

表 4-5　欧盟 PFHxA 管控提议内容

物质名称	限制要求及豁免
全氟己酸（PFHxA），它的盐类和相关物质（包括聚合物）：	1. 物质本身不得用于生产、使用或投入市场 2. 当 PFHxA 及其盐类总计的浓度等于或超过 25μg/kg，或 PFHxA 相关物质的浓度等于或超过 1000μg/kg 时，不得用于以下领域的生产、投放市场或使用： （a）作为其他物质的成分；

物质名称	限制要求及豁免
（a）结构为 C_5F_{11}—具有直链或支链全氟戊基官能团，作为结构单元与另一个碳原子直接相连； （b）具有结构为 C_6F_{13}— 的直链或支链全氟己基官能团 **下列物质不在本法规的管控范围内：** （a）C_6F_{14}； （b）C_6F_{13}—C（＝O）OH，C_6F_{13}—C（＝O）O—X′或 $C_6F_{13}CF_2$—X′（X 可以是任何官能团，包括盐类）；	（b）混合物； （c）物品 3. 第 1 条和第 2 条自 36 个月后开始强制实施限制 4. 第 2（c）条不适用于段 3 所指日期之前投放市场的物品 5. 第 1 条和第 2 条自×××【强制实施 5 年后】开始适用于： （a）电镀硬铬； （b）用于胶片、纸张、印版和喷墨照相介质的照相涂料； （c）在【日期-本规例生效后 18 个月】之前投放市场的浓缩灭火泡沫混合物，并用于或将用于生产其他 B 级火灾的灭火泡沫混合物；本条不适用于： ⅰ. 培训使用的灭火泡沫； ⅱ. 用于测试的灭火泡沫，除非所有排放入环境中的物质被最小化且排放物被合理收集且安全处理 6. 第 1 条和第 2 条不适用于乳胶印刷油墨，直至××××【强制实施 7 年后】 7. 第 1 条和第 2 条不适用于下列情况，直至××××【强制实施 12 年后】： （a）400m² 以上的储罐及其围护区内用于 B 级火灾的浓缩消防泡沫混合物； （b）半导体和半导体相关设备 8. 第 1 条和第 2 条不适用于任何下述情况： （a）在符合本法规第 18 条第（4）款第（a）～（f）点条件的情况下，将被用作或被用作运输可分离中间体的物质； （b）欧盟法规（EU）2016/425 附件Ⅰ中风险类别Ⅲ的（a），（c），（d），（e），（f），（g），（h），（I）中定义的为保护使用者避免风险的个人防护用品； （c）为武装部队和维护治安而专门设计的针对第 8（b）段所列防范风险类别的个人防护装备； （d）满足 EN ISO 20471 中第三类要求的高能见度的衣服； （e）第 8 条中（b），（c），（g）提到的再浸渍物品的浸渍剂； （f）用于手表的防油涂层； （g）欧盟 2017/745 法规定义的医疗器械设备； （h）需要同时具备防水和防油性能，用于高性能空气和液体过滤和分离的介质

物质名称	限制要求及豁免
（c）任何包含 C_6F_{13}—官能团直接与硫原子相连； （d）任何包含 C_6F_{13}—全氟官能团和非末端碳上的氧原子直接相连	9. 从【生效起 36 个月后】，任何自然或法人基于豁免，将 8（b）~8（h）规范的混合物或物品首次投入市场，每个日历年度的 1 月 31 日之前应向欧洲化学品管理局（ECHA）报告： （a）在上一年使用的物质的名称； （b）上一年使用的 PFHxA、其盐类和 PFHxA 相关物质的量 ECHA 应在每年 3 月 31 日前将数据提交给欧盟委员会。 10. 第 2 条所指的浓度限量是指： （a）×××【基于 SEAC 征询中要求的浓度限量信息】PFHxA 和它的盐类聚合物的总和； （b）×××【基于 SEAC 征询中要求的浓度限量信息】聚合物中 PFHxA 相关的低分子物质 11. 从【生效起 36 个月后】，任何自然或法人基于豁免，将第 7（a）条规范的混合物或物品首次投入市场，每个日历年度的 1 月 31 日之前应向欧洲化学品管理局（ECHA）报告，包含： （a）说明在取代含有 PFHxA、其盐类和 PFHxA 相关物质的灭火泡沫方面所作的努力； （b）前一年使用的 PFHxA、其盐类和 PFHxA 相关物质的消防泡沫数量，其中包含： ⅰ. 参与培训的用量和消防用量； ⅱ. 排放是否已被控制、收集和安全处置或排放到环境中

此法规一般 36 个月后开始强制实施限制，按照此进程，预计 PFHxA（C6）禁令将于 2025 年中期生效。届时 C6 防水防油剂将被禁止使用，只能使用无氟防水剂或更短全氟碳链的防水防油剂。

可以看出，欧盟在不遗余力地取代全氟化合物的使用，从早期对长链全氟化合物的管控，到对中长链全氟化合物的限制，直至对即将产生的短链 C6 全氟化合物的管制，足见对全氟化合物全系物质的限用已在路上。这就要求在防水防油防污材料上，相关企业不得不寻找新的绿色环保物质来适应当前的市场需求。

4.4.2　全氟己基磺酸

全氟己基磺酸（PFHxS）及其盐类已经于 2017 年 7 月 7 日列入 SVHC 候选物质清单。挪威已经提出在 REACH 法规限制篇中管控 PFHxS 及其盐类和相关物质的提案，2020年6月17日欧盟发布消息称社会经济分析委员会（SEAC）支持此提案。关于PFHxS及其盐类和相关物质的限制的提议已被欧盟委员会采纳，目前还未正式发布决议，一旦发布相关决议，则关于此类物质的限制将会正式纳入REACH法规限制篇管控。此外，此类物质也正在被考虑加入《斯德哥尔摩公约》，如被加入则需在全球范围内淘汰此类物质。

PFHxS管控的大致内容如下：

（1）物质信息。全氟己基磺酸（PFHxS）（支链和直链）及其盐和相关物质。

①全氟己烷磺酸具有$C_6F_{13}SO_3H$结构，和盐及其任何组合。

②具有直接连接到硫原子上的全氟烷基C_6F_{13}—的任何物质。

（2）REACH法规限制篇提案主要管控要求。

①物质本身不得制造或投放市场，作为其他物质的组成、混合物，物品中PFHxS及其盐含量<25μg/kg。

②PFHxS相关物质总和<1000μg/kg（注意，此管控要求应以REACH法规修订指令正式文件为准）。

PFHxS主要来源于电解法生产C6防水防油剂的副产物，国外没有厂家使用此方法，之前只有少数国内厂家使用。

4.4.3　全氟丁烷磺酸

由于全氟丁烷磺酸（PFBS）及其盐具有持久性、流动性和毒性，可能对人体健康和环境造成严重不利影响，故其被认定为高关注度物质（SVHC）。2019年12月9日~12月11日，欧洲化学品管理局（ECHA）的成员国委员会（MSC）同意将该物质添加到REACH候选物质清单中。

全氟辛烷磺酸盐（PFOS）已被禁用，由短链PFASs（如全氟丁烷磺酸盐，PFBS）来替代。PFBS的生物蓄积性不如PFOS，但PFBS具有高度持久性。

PFBS主要来源于电解法生产C4防水防油剂的副产物。国外之前只有3M公司使用此方法，而3M公司也于2021年全面停止生产含氟防水防油剂，转向生产无氟防水剂。

4.4.4　全氟和多氟烷基化合物

4.4.4.1　PFAS 的限制动向

继 PFOS 和全 PFOA 被国际社会淘汰或限制之后，部分学者和公众人物如今开始将火力瞄准全氟或多氟烷基物质（PFAS）这整个一大类物质。

2015 年 5 月，来自 30 多个国家的超过 200 名科学家签署了《马德里宣言：关于全氟烷基和多氟烷基化合物（PFASs）》的联署声明。声明呼吁限制全氟化合物（PFCs）及 PFASs 的生产，以及这些物质在食品包装和一般家庭用品上的用途，并主张开发较安全的非氟物质作为替代品。

在欧洲，荷兰、德国、丹麦、瑞典和挪威正在制定一项限制提案，该提案将涵盖所有其他用途的 PFAS，他们计划在 2023 年 1 月向 ECHA 提交提案。欧盟的可持续化学品战略将 PFAS 政策置于首位和中心位置。欧盟委员会承诺将逐步淘汰所有 PFAS，只允许在被证明对社会不可替代和必不可少的情况下使用它们。如果一切顺利，含氟防水防油剂很可能在 2025 年以后在欧洲被全面禁止使用。

在美国，2021 年 4 月 EPA 发布了 PFAS 战略路线图（PFAS Strategic Roadmap）：EPA 对 2021~2024 年行动的承诺。主要行动目标见表 4-6。

表 4-6　EPA 关于 PFAS 战略路线

行动 1：化学品安全办公室和污染防治	
● 发布国家 PFAS 测试策略	预计 2021 年秋季
● 确保对新的 PFAS 进行强有力的审查	努力进行中
● 根据 TSCA 审查现有的 PFAS	预计 2022 年夏季并进行中
● 加强有毒物质排放清单下的 PFAS 报告	预计 2022 年春季
● 根据 TSCA 第 8 节完成新的 PFAS 报告	预期 2022 年冬季
行动 2：水办公室	
● 对饮用水中的全氟辛烷磺酸进行全国监测	预计于 2021 年秋季发布
● 制定针对全氟辛酸和全氟辛烷磺酸的国家一级饮用水法规	拟议规则预计 2022 年秋季，最终规则预计在 2023 年秋季发布

续表

• 发布 GenX 和另外五种全氟辛烷磺酸（PFBA、PFHxA、PFHxS、PFNA、PFDA）的最终毒性评估	预计 2021 年秋季并持续进行中
• 发布 GenX 和 PFBS 的健康建议	预计 2022 年春季
• 通过多方面的排放限制指南限制工业来源的 PFAS 排放程序	预计 2022 年并持续进行中
• 利用允许减少 PFAS 排放到水道的国家污染物排放消除系统	预计 2022 年冬季
• 发布改进的分析方法	预计 2022 年秋季和 2024 年秋季
• 发布 PFAS 的最终推荐环境水质标准	预计 2022 年冬季和 2024 年秋季
• 提高鱼组织中全氟辛烷磺酸的数据可用性	预计 2022 年夏季和 2023 年春季
• 完成生物固体中全氟辛酸和全氟辛烷磺酸的风险评估	预计 2024 年冬季
行动 3：土地和紧急情况办公室	
• 提议将某些 PFAS 指定为 CERCLA 有害物质	拟议规则预计 2022 年春季，最终规则预计 2023 年夏季
• 发出有关各种 PFAS 的拟议规则制定的预先通知 CERCLA	预计 2022 年春季
• 发布关于销毁和处置 PFAS 的最新指南	预计秋季 2023 年
行动 4：空气和辐射管理办公室	
• 建立解决 PFAS 空气排放问题的技术基础	预计秋季 2022 年及持续
行动 5：研发办公室	
• 与每个 EPA 地区的受影响社区直接接触	预计秋季 2021 年并持续进行中
• 使用执法工具更好地识别和解决 PFAS 排放问题设施	正在进行的行动
• 通过确定 PFAS 类别来加速公共卫生保护	预期的 2021 年冬季并持续进行中
• 建立 PFAS 自愿管理计划	预计 2022 年春季
• 向公众宣传 PFAS 的风险	预计 2021 年秋季并持续进行中

● 发布关于 PFAS 承诺进展情况的年度公开报告	2022 年冬季并持续进行中
行动 6：跨项目	
● 与每个 EPA 地区的受影响社区直接接触	预计秋季 2021 年并持续进行中
● 使用执法工具更好地识别和解决 PFAS 排放问题设施	正在进行的行动
● 通过确定 PFAS 类别来加速公共卫生保护	预期的 2021 年冬季并持续进行中
● 建立 PFAS 自愿管理计划	预计 2022 年春季
● 向公众宣传 PFAS 的风险	预计 2021 年秋季并持续进行中
● 发布关于 PFAS 承诺进展情况的年度公开报告	2022 年冬季及正在进行

中国目前还没开始 PFAS 相关法规的进程讨论，所以含氟类防水防油剂（包括 C8、C6、C4 等）在相当长时间内还会存在。

4.4.4.2 如何看待全氟或多氟烷基物质（PFAS）

2019 年 11 月 20 日，美国化学学会旗下新闻杂志《化学与工程新闻》（Chemical & Engineering News，C&EN）的网站上，发表了题目为"如何摆脱 PFAS"（How to say goodbye to PFAS）的文章。这篇文章涉及多位专家学者的观点，基本能反映主流看法。文章指出，PFAS 的独特性决定其在某些领域是不可替代的，应反对"一刀切"，应对具体物质根据其必要性和可替代性进行区分对待。同时，反对无限制地生产和应用 PFAS，积极寻求替代品。PFAS 若合理使用，会造福人类和环境。

中国应结合自身 PFAS 发展的实际情况制定实施方案，而不是照搬西方的模式和主张。在这场 PFAS 大讨论中，全球标准的制定已迫在眉睫，中国需要如此应对：

（1）PFAS 有用、有大用，而且必须用。这是一个国家工业、科技、军事的核心竞争力之一，不可自废武功。这点必须明确，中国需要战略定力。

（2）对外要顶住压力，积极争取时间。在这关键的 10～20 年内，坚守发展中国家地位，在"环保贡献者"形象建设与经济科技发展之间取得平衡。

（3）PFAS 的低端产业规模确实需要控制，但这不该是通过环保的屠刀实现，而是企业提高利润率、开发技术、升级产业的自主愿望的结果。生态环境部提出，坚决反对"一刀切"，要科学地环保整治，根据具体情况因地施策。

（4）借鉴美国经验，整合产业链。产业链的整合是提高竞争力、减少污染的有效方法。

4.5 全球纺织生态标准全氟/多氟烷基化合物（PFOS/PFOA）相关限制物质清单（RSL）

4.5.1 Oeko-Tex Standard 100

国际环保纺织协会即 Oeko-Tex 协会发布的 Oeko-Tex Standard 100，自 2017 年起改为 Standard 100 by Oeko-Tex，它是 Oeko-Tex 协会出版的规范性文件，是目前全球范围内最权威也是接受度最高的生态纺织品检测与认证标准。多数纺织品都参照该标准进行测试，以确认相关纺织产品的化学安全性，各国的生态纺织品标准也大多是参照 Oeko-Tex Standard 100 制定的。自 2009 年以来，它对全氟/多氟烷基化合物（PFAS）的限制要求越来越高，限制品种越来越多，见表 4-7。

表 4-7 Oeko-Tex Standard 100 中 PFAS（PFOS/PFOA）的限制要求

版本	物质名称	I 婴儿	II 直接接触皮肤	III 不直接接触皮肤	IV 家饰材料
2009	PFOS/（μg/m²）	1	1	1	1
	PFOA/（mg/kg）	0.1	0.25	0.25	1
2014	PFOS/（μg/m²）	1	1	1	1
	PFOA/（mg/kg）	0.05	0.1	0.1	0.5
	PFUdA（全氟十一烷酸）/（mg/kg）	0.05	0.1	0.1	0.5
	PFDoA 或 PFDA（全氟十二烷酸）/（mg/kg）	0.05	0.1	0.1	0.5
	PFTrDA（全氟十三烷酸）/（mg/kg）	0.05	0.1	0.1	0.5
	PFTeDA（全氟十四烷酸）/（mg/kg）	0.05	0.1	0.1	0.5

版本	物质名称	I 婴儿	II 直接接触皮肤	III 不直接接触皮肤	IV 家饰材料
2022	PFOS 及其衍生物等共 7 种物质总计/(μg/m²)	1	1	1	1
	PFOA 全氟辛酸及其盐/(mg/kg)	0.025	0.025	0.025	0.025
	PFHpA 全氟庚酸/(mg/kg)	0.05	0.1	0.1	0.5
	PFNA 全氟壬酸/(mg/kg)	0.05	0.1	0.1	0.5
	PFDA 全氟癸酸/(mg/kg)	0.05	0.1	0.1	0.5
	PFUdA（全氟十一烷酸）/(mg/kg)	0.05	0.1	0.1	0.5
	PFDoA 或 PFDA（全氟十二烷酸）/(mg/kg)	0.05	0.1	0.1	0.5
	PFTrDA（全氟十三烷酸）/(mg/kg)	0.05	0.1	0.1	0.5
	PFTeDA（全氟十四烷酸）/(mg/kg)	0.05	0.1	0.1	0.5
	全氟烷基羧酸 4 种/(mg/kg)	0.05			
	全氟烷基磺酸 4 种/(mg/kg)	0.05			
	部分氟化烷基羧酸/烷基磺酸 4 种/(mg/kg)	0.05			
	部分氟化线性醇 4 种/(mg/kg)	0.05			
	氟化醇与丙烯酸的酯 3 种/(mg/kg)	0.05			
	PFOA 相关物质总计/(mg/kg)	1	1	1	1

4.5.2 ZDHC

ZDHC 是 2011 年 11 月由 6 家全球品牌商发起组成的有害化学物质零排放组织，现已涵盖主要品牌商和化学品供应商。2014 年 6 月，该组织发布了服装和鞋类行业的生产限用物质清单 1 版即 MRSL 1 版，2015 年 12 月和 2020 年 5 月，该组织根据市场发展的需要，又更新发布了生产限用物质清单 1.1 版和 2.0 版，它们中所列的有害化学物质不仅是指在最终产品中可能出现的有害化学物质，也不允许其在生产过程中使用，旨在根除故意使用所列有害化学物质的可能性，从而确保在最终产品中这些物质的残留量能够满足相关法规或品牌商自身的限制物质清单的要求。

ZDHC MRSL 超越了传统的化学限制方法，仅适用于成品（产品限制物质清单，PRSL）。这种方法有助于保护消费者，同时最大限度地减少禁用危险化学品对生产工人、当地社区和环境的可能影响。ZDHC 对 PFAS（PFOS/PFOA）相关限制要求见表4-8。

表4-8　ZDHC MRSL 中 PFAS（PFOS/PFOA）的限制要求

MRSL 版本	发布时间	物质名称	A 组：原材料和成品供应商	B 组：化学品供应商商业制剂限制值
1.1 版	2015 年 12 月	PFOS 及相关物质	不得有意使用	总计 2mg/kg
		PFOA 及相关物质	不得有意使用	总计 2mg/kg
2.0 版	2020 年 5 月	PFOS 及相关物质	不得有意使用	总计 2mg/kg
		PFOA 及相关物质	不得有意使用	PFOA 为 25μg/kg PFOA 相关物质为 1000μg/kg

ZDHC MRSL 的第3版计划将禁止有意使用基于 PFC 的所有功能性整理剂，意味着禁止使用含氟防水防油剂。但欧盟法律规定的特殊情况除外，例如，使用在最高保护等级时保护使用者的防护用品。由于即将启用这一限制，湿加工工厂应当在 ZDHC MRSL 第3版发布之后不再接受含有 PFC 的制剂。

4.5.3　Bluesign

蓝标体系（Bluesign® System）是 Bluesign Technologies AG 推动的纺织品环保标准，旨在为化学品供应商、纺织品和饰件制造商及品牌方提供全方位的完整服务解决方案，为在工厂内促进、采用和落实安全化学品的使用以及负责任的实践提供必要的工具。由该公司所授权商标的纺织品牌及产品，代表着其制造过程与产品都符合生态环保、健康、安全规范，是全球最新用于消费者安全保障的环保规范标准。Bluesign 2021 年 7 月发布的第 12 版 RSL 对 PFAS（PFOS/PFOA）相关限制要求见表4-9。

表4-9　Bluesign 第 12 版中对 PFAS（PFOS/PFOA）的限制要求

物质名称	限制类型	类别 A：紧贴皮肤类和婴儿类	类别 B：偶尔接触皮肤类	类别 C：不接触皮肤类
全氟辛烷磺酸及其衍生物 (PFOS)/(μg/m²)	禁用	1	1	1

物质名称	限制类型	类别 A：紧贴皮肤类和婴儿类	类别 B：偶尔接触皮肤类	类别 C：不接触皮肤类
全氟羧酸及其盐（PFCA）/（mg/kg）	禁用	0.1	0.1	0.1
全氟己酸及其盐（PFHxA）/（mg/kg）	禁用	0.05（监控）	0.05（监控）	0.05（监控）
全氟辛酸及其盐（PFOA）/（μg/kg）	禁用	25	25	25
全氟辛酸相关物质/（μg/kg）	禁用	1000	1000	1000

4.5.4 AAFA

美国服装和鞋履协会（AAFA）是美国最大和最具代表性的服饰、鞋类与其他缝制产品生产和贸易行业协会，自 2007 年 6 月发布美国第 1 版限用物质清单（RSL）以来，迄今已发布了 22 版 RSL，跟踪所有进入服装和鞋类产品的受管制化学品，包括 PFOS 和 PFOA，提供关于全球安全标准最新发展的信息，使得全球限用物质清单门槛不断升级，因此 AAFA 的 RSL 在世界市场上的影响力比较大，已成为世界上最重要的限用物质清单之一，在使用范围和实用性上被认为与欧盟的 Oeko-Tex Standard 100 具有同等的作用。AAFA 关于 PFAS（PFOS/PFOA）的相关 RSL 见表 4-10。

表 4-10 AAFA 关于 PFAS（PFOS/PFOA）的相关 RSL

版本	发布时间	物质	限制/最大限值	说明
第 1 版	2007 年 6 月	PFOS	$1\mu g/m^2$（纺织品或其他涂层材料）	
第 12 版	2013 年 3 月	PFOS	$1\mu g/m^2$（纺织品或其他涂层材料）	
			<0.1%（质量分数）（制品）	
第 13 版	2013 年 9 月	PFOS	$1\mu g/m^2$（纺织品或其他涂层材料）	
			<0.1%（质量分数）（制品）	
		PFOA	$1\mu g/m^2$（纺织品或其他涂层材料）	
			0.1%（质量分数）（制品）	
			0.001%（质量分数）（物质或混合物）	

续表

版本	发布时间	物质	限制/最大限值	说明
第20版	2019年2月	PFOS	$1\mu g/m^2$（纺织品或其他涂层材料）	
			<0.1%（质量分数）（制品）	
		PFOA	$1\mu g/m^2$（纺织品或其他涂层材料）	
			0.1%（质量分数）（制品）	
			0.001%（质量分数）（物质或混合物）	
第22版	2021年5月	PFOS	$1\mu g/m^2$（纺织品或其他涂层材料）	
			<0.1%（质量分数）（制品）	
		PFOA	$1\mu g/m^2$（纺织品或其他涂层材料）	
			0.1%（质量分数）（制品）	
			EU-0.025mg/kg	
		PFBS	<0.1%（EU）	具有报告要求（此类要求并不一定列于本RSL中）的规程
		PFAS	不故意添加（美国科罗拉多州）	

4.5.5 中国

近年来，中国也越来越关注对 PFOS/PFOA 等相关 PFAS 物质的限定和标准，制定了相关的国标和团体标准，见表4-11。由于不是强制标准，因此实际执行起来差距较大。

表4-11 中国针对 PFAS（PFOS/PFOA）的相关标准内容

标准号	名称	标准摘要				
		物质清单	婴幼儿	儿童和直接接触皮肤	非直接接触皮肤	装饰用
HJ 2546—2016	环境标志产品技术要求—纺织产品（2017/7/1）	PFOA/（mg/kg） ≤	0.05	0.1	0.1	0.1
		PFOS/（$\mu g/m^2$） ≤	1	1	1	1

续表

标准号	名称	标准摘要				
		物质清单	婴幼儿	儿童和直接接触皮肤	非直接接触皮肤	装饰用
GB/T 35611—2017	绿色产品评价纺织产品（2018/7/1）	PFOS 全氟辛烷磺基化合物，全氟辛酸（μg/m²）　　<	1	1	1	
		全氟十一烷酸，全氟十二烷酸，全氟十三烷酸，全氟十四烷酸/（mg/kg）　≤	0.05	0.1	0.1	
GB/T 18885—2020	生态纺织品技术要求（2021/5/1）	N-甲基全氟辛烷磺酰胺、N-乙基全氟辛烷磺酰胺、N-甲基全氟辛烷磺酰胺乙醇、N-甲基全氟辛烷磺酰胺乙醇；总量/（μg/m²）　　<	1	1	1	
		全氟辛酸及其盐/（μg/m²）<	1	1	1	
		全氟庚酸及其盐/（mg/kg）<	0.05	0.1	0.1	0.5
		全氟壬酸及其盐/（mg/kg）<	0.05	0.1	0.1	0.5
		全氟癸酸及其盐/（mg/kg）<	0.05	0.1	0.1	0.5
		全氟十一烷酸及其盐/（mg/kg）<	0.05	0.1	0.1	0.5
		全氟十二烷酸及其盐/（mg/kg）<	0.05	0.1	0.1	0.5
		全氟十三烷酸及其盐/（mg/kg）<	0.05	0.1	0.1	0.5
		全氟十四烷酸及其盐/（mg/kg）<	0.05	0.1	0.1	0.5
		全氟羧酸/（mg/kg）　　<	0.05	—	—	—
		全氟磺酸/（mg/kg）　　<	0.05	—	—	—
		部分氟化羧酸/磺酸/（mg/kg）<	0.05	—	—	—
		部分氟化线性醇/（mg/kg）<	0.5	—	—	—
		氟化醇与丙烯酸的酯/（mg/kg）<	0.5	—	—	—

标准号	名称	标准摘要				
		物质清单	婴幼儿	儿童和直接接触皮肤	非直接接触皮肤	装饰用
			限制要求			
GB/T 39498—2020	消费品中重点化学物质使用控制指南（2021/7/1）	PFOS 全氟辛烷磺酸及其衍生物/% ＜	0.1	结构或者微结构中明确含有 PFOS 的消费品		
		PFOS 全氟辛烷磺酸及其衍生物/（μg/m²） ＜	1	涂料		
		PFOA 及其盐含量/（μg/kg） ＜	25	涂有摄影涂料的消费品，以及半导体或者化合物导体以外的其他消费品		
		PFOA 及其盐或者碳链长度≥8 的全氟羧酸化合物单项或者总含量/（μg/kg） ＜	1000			
T/CNTAC 8—2018	纺织产品限用物质清单（2018/1/2）	PFOA 及其盐类/（μg/m²） ≤	1			
		PFOS/（μg/m²） ≤	1			
T/CNTAC 66—2020	纺织用染化料助剂限用物质清单（2021/1/1）	PFOS/（mg/kg） ≤	50			
		PFOA 及其盐类/（mg/kg） ≤	不得检出			
		PFOA 相关物质/（mg/kg） ≤	1			

第5章

含氟短链防水防油剂

美国环境保护署（EPA）提出禁用 PFOA 以后，国内外就开展了 PFAS 替代品研究并取得了实质性进展。迄今为止，3M、大金、杜邦、旭硝子、阿科玛和苏威在内的国际氟化工生产商已经向 EPA 上报了 50 余种 PFAS 替代品进行评估。

环保型防水防油剂主要围绕以下方向进行研究和替代：氟硅共聚型防水防油剂、多全氟链烷基型防水防油剂、非全氟链丙烯酸酯类防水防油剂、短链含氟防水防油剂、无氟防水剂等。本章在后面会重点介绍在替代品方面开发和应用最多、目前占市场主流的 C6 短链防水防油剂的现状。无氟防水剂的发展和现状将在第 6 章单独介绍。

5.1 氟硅共聚型防水防油剂

之前，国内外将含低氟碳的硅氧烷化合物作为一个主要的开发方向。因为含氟硅烷同时具有含硅整理剂和含氟整理剂的特点，而且含氟量较低。

近 20 多年来，国内外有关企业、研究院校等都在研究和开发含氟硅防水防油整理剂。从 20 世纪末到 21 世纪初，德国希尔公司、美国阿托费纳化学公司、日本陶氏东丽硅氧烷株式会社、美国道康宁公司和日本三井化学株式会社等都有过这方面的报道，他们都是采用不同途径制成含氟有机硅化合物，并在我国申请和登记了专利。同期，我国中国科学院化学研究所、东华大学、武汉大学和苏州大学等也报道了这方面的研究成果，并申请和登记了中国专利。

天津工业大学郑巾国等用全氟烷基羧酸（碳原子数 C≤6）在浓硫酸或对

甲苯磺酸催化条件下与丙烯醇反应得到全氟烷基羧酸 α-丙烯酸，然后在氯铂酸催化条件下与含氢硅油反应得到氟烃烷改性聚硅氧烷，反应式如下：

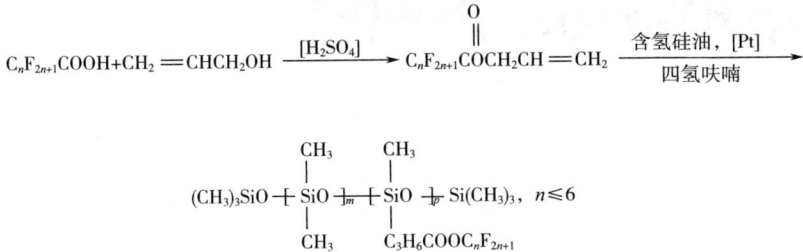

$$C_nF_{2n+1}COOH+CH_2=CHCH_2OH \xrightarrow[]{[H_2SO_4]} \overset{\displaystyle O}{\underset{}{C_nF_{2n+1}C}}OCH_2CH=CH_2 \xrightarrow[\text{四氢呋喃}]{\text{含氢硅油, [Pt]}}$$

$$(CH_3)_3SiO \underset{CH_3}{\overset{CH_3}{+SiO}}{}_{m} \underset{C_3H_6COOC_nF_{2n+1}}{\overset{CH_3}{+SiO}}{}_{p} Si(CH_3)_3, \quad n\leqslant 6$$

丙烯醇既是反应物又是溶剂，丙烯醇与全氟烷基酸的物质的量之比为 $(10\sim14):1$，否则酯化度降低。催化剂用量为 $4\%\sim8\%$，最佳反应温度为 $100\sim140℃$，反应时间为 $5\sim8h$。第二步缩合反应使用含氢硅油（含氢<5%），氟烃基改性在四氢呋喃中进行，含氢硅油过量为 $(1.1\sim1.3):1$，催化剂用量为 $(30\sim100)\times10^{-6}$，反应温度为 $70\sim100℃$，反应时间 $10h$ 左右。

武汉大学张先亮等合成了含氟的聚硅氧烷。首先合成了三氟丙基甲基二氯硅烷和含聚醚低聚物的有机氯硅烷单体，然后与二甲基二氯硅烷及三甲基氯硅烷通过水解缩合，合成有机氟硅表面活性剂，反应式如下：

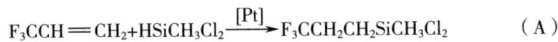

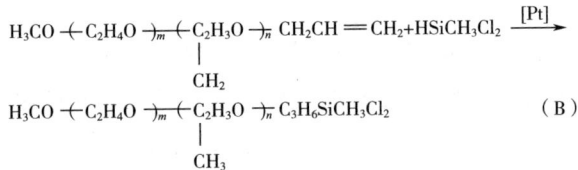

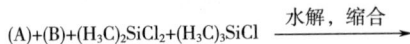

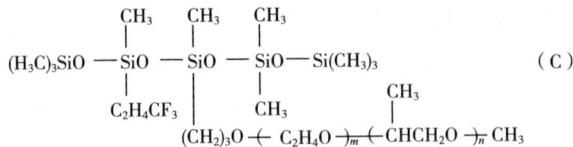

$$F_3CCH=CH_2+HSiCH_3Cl_2 \xrightarrow{[Pt]} F_3CCH_2CH_2SiCH_3Cl_2 \qquad (A)$$

$$H_3CO\underset{}{+C_2H_4O}{}_{m}\underset{\underset{CH_2}{|}}{+C_2H_3O}{}_{n}CH_2CH=CH_2+HSiCH_3Cl_2 \xrightarrow{[Pt]}$$

$$H_3CO\underset{}{+C_2H_4O}{}_{m}\underset{\underset{CH_3}{|}}{+C_2H_3O}{}_{n}C_3H_6SiCH_3Cl_2 \qquad (B)$$

$$(A)+(B)+(H_3C)_2SiCl_2+(H_3C)_3SiCl \xrightarrow{\text{水解，缩合}}$$

$$(H_3C)_3SiO \underset{C_2H_4CF_3}{\overset{CH_3}{-SiO}} \underset{CH_3}{\overset{CH_3}{-SiO}} \underset{(CH_2)_3O+C_2H_4O_m+CHCH_2O_n CH_3}{\overset{CH_3}{-SiO}} Si(CH_3)_3 \qquad (C)$$

（C）式得到的产品可用于易去污整理，如果只有（A）式产品参与（C）式反应，可用于防水防油整理。

Shin—Etsu 化学公司开发了一类基于有机硅主链的含氟整理剂，分子结构式如下：

$$R_f \leftarrow H_2C-O-CH_2 \rightarrow_T \qquad (H_2C-O-CH_2)_l-R_f$$

$$[R-O-O-(CH_2)_3 \leftarrow Si-O \rightarrow_m]_n Si \leftarrow O-Si \rightarrow_2 O-Si \leftarrow O-Si \rightarrow_m (CH_2)_3-O-O-R]_n$$

（分子结构式中：Me，$(CH_2)_x$，$(Me)_{2-n}$ 等取代基）

R_f：C≤6的全氟烷基；R：H或—CH_3

以上氟硅共聚性防水防油剂，迄今没有见大规模的商品化，估计既有技术上的问题，也有经济上的原因。

5.2　多全氟链烷基型防水防油剂

一般制备整理剂的含氟单体含氟链段为直链型。LORENZ 等则用全氟碘烷和四烯丙基硅反应得到四全氟烷基丙基硅烷。由于多全氟链烷基活性化合物可以在同一节点引入多个氟链，因此可以赋予材料更加优异的性能，可被用来合成各种含氟表面活性剂、防水防油整理剂，用于材料表面的改性。东华大学候再坚等以季戊四醇三烯丙基醚和全氟碘烷合成一种多全氟链烷基醇（TFPE），然后以 TFPE 为氟化单体合成了两种聚合物：含氟聚丙烯酸酯乳液（FPA）和氟硅聚氨酯乳液（SiFPU）。工艺路线如图 5-1 所示。

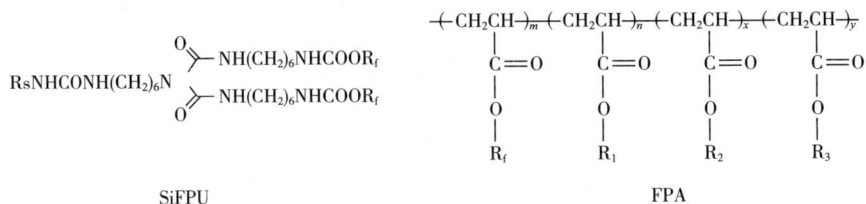

$$R_S = —(CH_2)_3Si(OCH_2CH_3)_3, \quad R_f = —CH_2C(CH_2O(CH_2)_3C_6F_{13})_3, \quad R_1 = —(CH_2)_3CH_3, \quad R_2 = —CH_2CH_2OH, \quad R_3 = —(CH_2)_{11}CH_3$$

图 5-1　含氟聚丙烯酸酯和氟硅聚氨酯的合成工艺路线

5.3 非全氟链丙烯酸酯类防水防油剂

采取非全氟链段代替全氟链段也是一种有效避免产生 PFOA 或 PFOS 的有效手段。

杜邦公司研究人员以 $C_6F_{13}(CH_2CF_2)_2CH_2CH_2OCOCH = CH_2$ 与 $C_6F_{13}(CH_2CF_2)_2CH_2CH_2OCOC(CH_3) = CH_2$ 为含氟单体制备出与 C8 类性能相当的防水防油多功能整理剂。非全氟链段含氟单体的制备过程如图 5-2 所示：

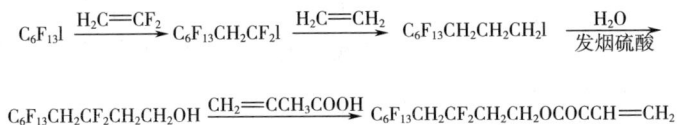

图 5-2　非全氟链段含氟单体的制备过程

东华大学卿凤翎合成出侧链含偏氟乙烯基 $CF_3(CF_2)_n(CH_2CF_2)_m$—的聚氟代丙烯酸酯，含氟侧链的碳原子数仍为 8，但部分碳原子上是氢而不是氟。这类聚合物的防水防油性能与侧链含全氟辛烷聚丙烯酸酯相似，由于—CH_2CF_2—的热稳定性差，容易断裂，不会给环境带来危害，可以成为侧链含 C8 全氟烷基链的低表面能聚合物的替代材料。分子结构式如下：

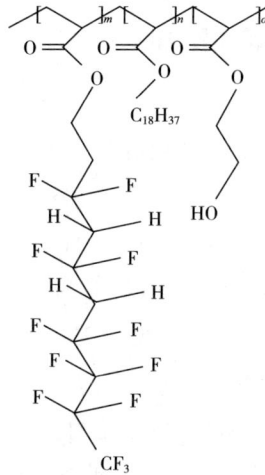

卿凤翎另外合成了以六氟环氧丙烷三聚体作为氟碳链的单体，分子结构式如下：

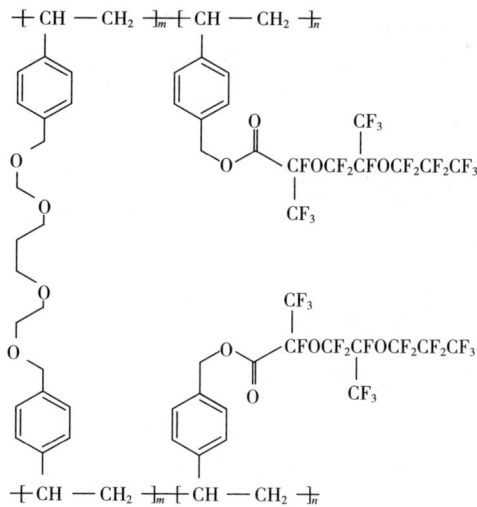

含氟碳原子以氧原子间隔开，碳原子总数仍为 8，但大大降低了该链段的生物累积性，从而降低对人体和动物的危害性。

5.4 C4 短链防水防油剂

2001 年，美国 EPA 提出禁用 PFOS 后，3M 公司于 2002 年声明不再生产 PFOS 相关产品，同时转向研发以全氟丁基磺酸（PFBS）为原料制造的 C4 单体，如 $C_4F_9SO_2$（R）$NCH_2CH_2OCOCH = CH_2$ 等。

但是 PFBS 的产品以防水和易去污功能为主，达不到 PFOS 的防油整理水平。C4 的全氟烷基防油性仅 90～100 分（3M 评价法），薄膜临界表面张力 γ_c 为 15mN/m，达不到 C8 的防油性 130 分，γ_c 为 10mN/m 的水平。

其商品化的 C4 产品有：易去污功能的 PM-492、防污和易去污功能的 PM-930、防水防油剂 PM-3635、防水防油剂 PM-3630 等。

在当时的研究结论下，PFBS 的氟碳链短，无明显持久性、生物累积性，短时间内能够随人体新陈代谢排出体外且其降解物无毒无害。

近年来，根据最新的研究结果，PFBS 被欧盟认定为是高关注度物质（SVHC）。该物质将被添加到 REACH 候选物质清单中，而 3M 公司也于 2021 年全面停止生产 C4 含氟防水防油剂，转向生产无氟防水剂。

5.5 C6 短链防水防油剂

5.5.1 C6 和 C8 安全性比较

为了避免 PFOA 产生的环保问题，从 20 世纪初开始，占据防水防油剂全球主要市场的杜邦、大金、旭硝子、科莱恩等氟化工跨国巨头就开始集中于 C6 短链防水防油剂的研发，主要用来替代 C8 防水防油剂。

表 5-1　C6 和 C8 安全性数据对比

项目	PFHxA（C6）	PFOA（C8）
①血液消除半衰期（天数）		
大鼠	0.02～0.4	5

续表

项目	PFHxA（C6）	PFOA（C8）
猴子	0.6~2	21
人类	32	1000
②生殖/发育毒性		
妊娠小鼠灌胃给药	F0：NOAEL＝100mg/kg（母体） F1：NOAEL＝100mg/kg 断乳前直至断乳后，未在幼鼠中观察到症状	F0：LOAEL＝1mg/kg F1：LOAEL＝1mg/kg 导致早期流产、产后生存率受影响、生长发育和青春期性特征出现延迟
③2 年期大鼠慢性致癌性试验		
致癌性	下述条件下无致癌性： 100mg/kg（雄） 200mg/kg（雌）	300mg/kg［雄性，14.2mg/（kg·d）；雌性，16.1mg/（kg·d）］ 导致雄性大鼠肝脏重量增加、肝细胞肥大、血液系统受影响以及睾丸肿块；导致雌性大鼠体重减少以及血液系统受到影响

从表 5-1 数据来看，C6 产品相较于 C8 安全性大为提高。

5.5.2　聚氟烷基丙烯酸酯（PFA-Cy）防水性的模型图

日本的 Honda 等系统研究了侧链长度对 PFA-Cy（其中 y 为 R_f 基团的氟亚甲基数）薄膜分子聚集状态和表面性质的影响，得到了 PFA-Cy 防水性的模型图，如图 5-3 所示。

（1）PFA-Cy（$y \geqslant 8$）即长链全氟烷基基团，呈结晶状态，具有良好的动态防水性能。

（2）PFA-Cy（$y \leqslant 6$）即短链全氟烷基基团，呈非结晶状态，因而具有高的表面重构倾向，体系的低表面自由能难以维持，在实际应用中表现为防水防油性能不充分。

5.5.3　提升 C6 短链防水防油剂性能的方法

针对上述问题，大量研究工作致力于提高 C6 短链全氟烷基丙烯酸酯单体的结构稳定性，进而满足实际的应用需求。

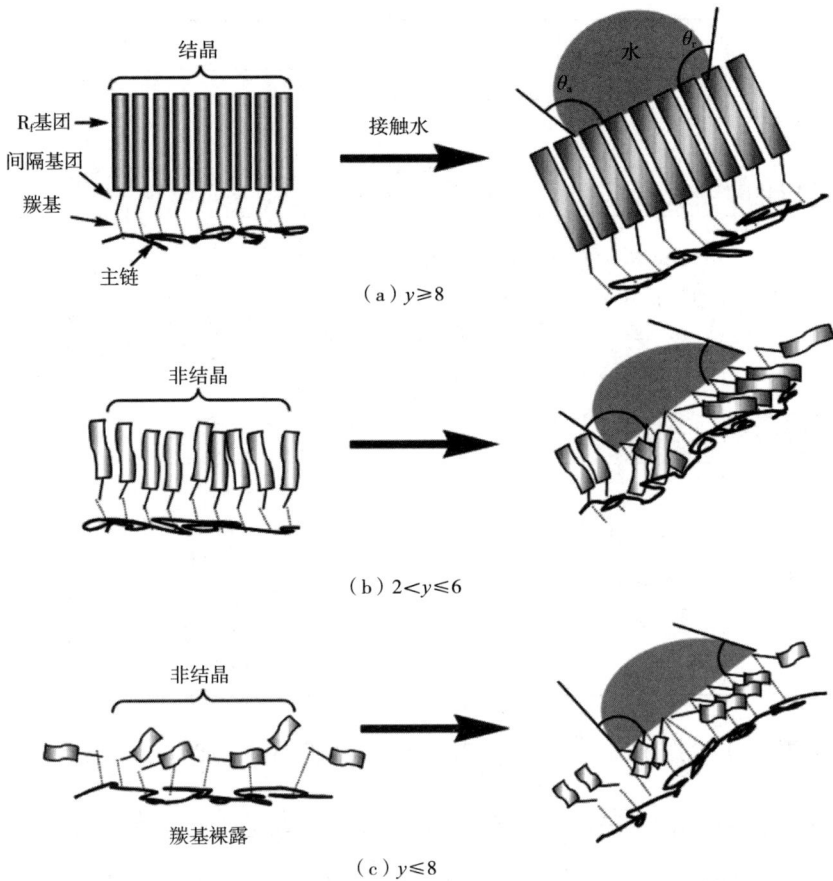

(a) $y \geqslant 8$

(b) $2 < y \leqslant 6$

(c) $y \leqslant 8$

图 5-3 聚氟烷基丙烯酸酯（PFA-Cy）防水性的模型图

全氟烷基丙烯酸酯单体的结构主要分为三个部分：短链全氟烷基（R$_f$）、丙稀酸酯主链（main chain）以及两者之间的间隔基团（spacer group）。为提高 R$_f$ 基团的结构稳定性，大量研究工作围绕间隔基团及主链的结构优化展开。

5.5.3.1 间隔基团优化改善 R$_f$ 基团结晶性

偏氟乙烯（VDF）引入间隔基团：通过在间隔基团中引入偏氟乙烯基、磺酰氨基或苯基等，促使短链全氟烷基结晶，进而获得稳定的低表面自由能，即第 5.3 节非全氟链丙烯酸酯类防水防油剂制造方式。其结构通式如图 5-4 所示。

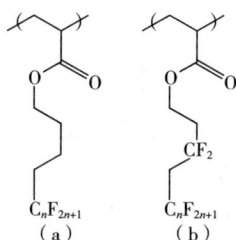

图 5-4　侧链带有 VDF 的含氟丙烯酸酯结构

相比于含—CH_2CH_2—间隔基团的（a），含偏氟乙烯（VDF）间隔基团的丙烯酸酯（b）与丙烯酸十八酯的共聚物防油性能得到大幅提升。

上述间隔基团的修饰在合成上较为简便可行，但偏氟乙烯基团引入后，其降解产物是否仍存在生物累积性等问题有待深究。

5.5.3.2　极性基团引入间隔基团

阿托菲纳公司的 Jean-Marc Corpart 研究组对比了间隔基团为乙基 [图 5-5 (a)] 与间隔基团含 N-甲基磺酰胺基 [图 5-5 (b) (c)] 的全氟己基丙烯酸酯。接触角测试结果表明，两者表面自由能相当，为 $11\sim12\text{mN/m}$。但通过进一步测试发现，（a）结构的全氟基团不能结晶，而（b）结构由于 N-甲基磺酰胺基基团之间的强偶极—偶极作用，促使全氟己基侧链结晶形成 smectic B 相排列；当温度大于 104℃ 时，由 smectic B 相开始转变为 smectic A 相；当温度高于 179℃ 时，则由 smectic A 相开始向无定形态转变。

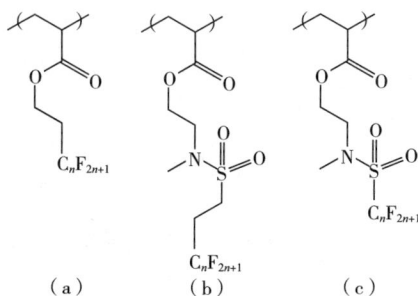

图 5-5　间隔基团含 N-甲基磺酰胺基基团的全氟己基丙烯酸酯

但是，当 R_f 为全氟己基时，其降解产物中可能含有全氟己基磺酸盐

（PFHxS），这一物质的生物代谢时间仍高于长链全氟辛基羧酸，存在禁用风险。

5.5.3.3　刚性基团引入间隔基团

有专家课题组将苯环引入间隔基团，通过测试表明，苯环的引入可以促使全氟己基侧链结晶，其结构如图 5-6（a）所示。Elisa Martinelli 等在间隔基团插入苯环，合成如图 5-6（b）所示结构的全氟己基丙烯酸酯，其侧链同样具有结晶性。类似的策略，旭硝子公司的专利公布了如图 5-6（c）所示结构的全氟己基丙烯酸酯，其中 G 基团为甲基、乙基或丁基醚。通过间隔基团的修饰，全氟己基丙烯酸酯对水的后退角由约 50°提升至约 85°，表明其侧链的结构稳定性由于苯环的引入得到极大的提升。将共聚物膜置于 40℃热水中浸泡 3h 后，其对水的后退角约为 65°，仍高于聚全氟己基乙基丙烯酸酯的初始后退角。

除在聚丙烯酸酯侧链中插入苯环诱导 R_f 基团结晶外，苯环的引入对其他类型的聚合物也起到相同的效果，如在主链为乙烯的体系中，侧链引入苯环，同样可以对结构稳定性起到提升作用。

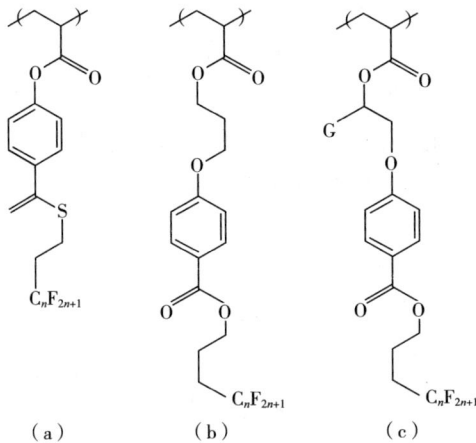

图 5-6　侧链含苯基的全氟丙烯酸酯

5.5.3.4　通过主链 α 位基团修饰提高均聚物玻璃化转变温度 T_g

大金公司的 Morita 研究组通过动态接触角等测试研究了丙烯酸酯 α 位分别为—H、—CH₃、—X 时，其对全氟侧链结构稳定性的影响，如图 5-7

所示。

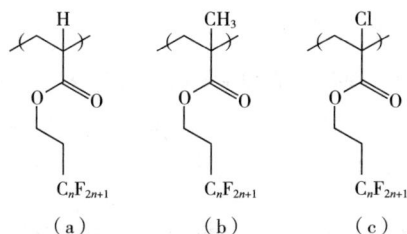

图5-7　具有不同α位基团的含氟丙烯酸酯结构

以上三种类型单体均聚物膜对正十六烷的T_g、动态接触角及滑动角列于表5-2。以全氟己基为例：

当α位为—H时（a），T_g为0℃，滑动角为90°；

当α位为—CH$_3$时（b），T_g为40℃，滑动角为40°；

当α位为—X（卤素）时（c），T_g为100℃，滑动角为9°。

可以看出随着均聚物T_g的升高，接触角滞后明显降低，滑动角大幅下降，表明T_g的增加可以大幅降低全氟链段的表面重构。

表5-2　含氟丙烯酸酯均聚物对n-十六烷（5μL）的T_g、动态接触角及滑动角

均聚物	T_g/℃	θ_a/(°)	θ_r/(°)	$\Delta\theta$/(°)	α/(°)
C_4F_9（α—H）	-12	93	62	31	90
C_4F_9（α—CH$_3$）	32	73	53	20	45
C_4F_9（α—Cl）	88	73	69	4	12
C_6F_{13}（α—H）	0	97	59	38	90
C_6F_{13}（α—CH$_3$）	40	79	58	21	40
C_6F_{13}（α—Cl）	100	77	73	4	9
C_8F_{17}（α—H）	83（T_m）	80	72	8	15

5.5.4　主要商品化 C6 防水防油剂

需要强调的是，目前市场上的 C6 产品或者 PFOA free 产品，并不是完全不含 PFOA，只是低于检测极限值（<5μg/kg）。

以下介绍国内外 C6 防水防油剂主要生产商及产品。

5.5.4.1　国外情况

（1）科慕 Capstone/亨斯迈 Phobol 系列。科慕（Chemours，原 Dupont）和亨斯迈（Huntsman）纺织染化是战略合作关系。亨斯迈 Phobol 系列 C6 防水防油剂，主要采用科慕生产的 Capstone 短链氟碳化合物进行分销，同时推广全球闻名的 Teflon 品牌。其主要产品介绍见表 5-3。

表 5-3　Huntsman Phobol 主要产品及特点

牌号	类型	适合纤维	用量/（g/L）	特点
Phobol CP-R	易去污	棉、化纤、混纺	20~80	用于棉、合成纤维和混纺的易去污整理；耐水洗
Phobol CP-C	防水防油	棉、化纤、混纺	20~80	用于 100% 棉、合成纤维和混纺的防水防油剂；可用于抗皱加工；耐洗
Phobol CP-CR	防水防油	棉、化纤、混纺	60~120	提供出色的化学排斥性，即使是溶剂；在更高的洗涤温度（>60℃）下，多次洗涤循环后的洗涤耐久性优异
Phobol CP-S	防水防油	棉、化纤、混纺	20~80	用于服装的防水防油剂；经久耐用，可水洗和干洗
Phobol CP-SLA	防水防油	棉、化纤、混纺	20~80	用于棉、合成纤维和混纺的防水防油剂；耐洗
Phobol CP-U	防水防油	所有纤维	30~80	用于室内装潢和运输织物的高耐磨防水防油剂；经久耐用；不起雾或耐晒牢度
Phobol CP-X	防水防油	棉、化纤、混纺	20~80	用于棉、合成纤维和混纺织物的防水防油剂；优秀的排斥性和动态吸收；与高浓度氯化镁不相容
Phobol CP-DL Phobol CP-DP	三防+易去污	所有纤维	30~45 40~70	用于服装、职业装、校服、家用纺织品和技术纺织品的双重去污

（2）昂高 Nuva N 系列。Nuva N 系列是瑞士昂高（Archroma）基于 C6 化学的产品，其特点是在天然纤维上具有比较突出的性能。主要产品有：

Nuva N 2114 liq.：高耐久性三防产品，特别适用于棉和尼龙；

Nuva N 2155 liq.：非离子三防产品，适用于化纤尤其是功能纺织品领域；

Nuva N 1811 liq.：经济型三防产品，特别适用于棉及其混纺产品；

Nuva N 4118 liq.：亲水性易去污产品，能提高穿着舒适性；

Nuva N 4547 liq.：高效易去污产品，具有高防油效果；

Nuva N 5151 liq.：地毯防护产品，具有优异的干污易去污性能等。

（3）日本大金 UNIDYNE 系列。UNIDYNE 是日本大金防水防油剂品牌，通过和浙江传化集团的合作，占据了国内防水防油剂较大的市场。主要产品有：

TG-5671：高耐久性防水产品，特别适用于合成纤维；

TG-5601：高防油产品，是和道康宁合作开发的氟硅聚合物；

TG-9011：易去污产品；

TG-9031：三防、易去污产品。

（4）日本旭硝子 AsahiGuard E-SERRIES 系列。

AG-E081：高耐久性防水防油性，适用于合成纤维和棉；

AG-E082：适用于加工各类面料和非织造布；

AG-E550D：非离子三防产品；

AG-E7500B：经济型防水剂；

AG-E100：易去污产品。

5.5.4.2　国内情况

（1）上海福可/SMARTGUARD 系列。国产 C6 防水防油剂起步比较晚，2020 年以来，福可新材料（上海）有限公司在 C6 短链防水防油剂方面的研究可谓一枝独秀，利用 MSAT（分子自主装技术）、GCT（梯度复合技术）、AT（定向排列技术）等技术，开发了一系列产品，达到或者超越了进口产品，打破了国外垄断。其技术特点如图 5-8 所示。

主要产品如图 5-9 所示（按性能分）。

SG-6641/6642/6645：经济型普通防水，面料适用性广；

SG-6655S：高耐久防水防油性、DWR、抓绒面料的超防水；

SG-6656M：高防油三防，抗酒精、洗后晾干效果优异；

1. MSAT技术　利用分子自组装技术（molecular self-assembly technology，MSAT），使短链C6在低能量状态下能更好地定向排列，从而提升了洗后晾干和低温焙烘的防水防油性能

分子自组装技术使含氟链段在低能量状态下也能很好地定向排列

特殊的官能团使防水剂分子侧链产生交联，定向排列更稳固

传统的三防整理剂低温焙烘或洗后晾干后的状态

纤维表面

运用了分子自组装技术的C6低温焙烘或洗后晾干后的状态

2. GCT技术　利用梯度复合技术（gradient compound technology，GCT），通过嫁接特效官能团，使短链C6具有更多向上的活性，更容易迁移到面料表面，从而改善面料的通用性和提升高支高密面料防水性能

纤维截面

防水成分

含氟链段
并用助剂
纤维表面

大多数C6防水剂在纤维中的分布呈较均匀状态，纤维表面分布较少，导致防水性不佳

运用梯度复合技术的C6在纤维中的分布是由外到内梯度变化，多集中于纤维表面，防水性能更佳

大多数C6防水剂在与其他助剂并用时，含氟链段无法迁移到纤维或其他助剂成膜表面，导致助剂并用后防水性能下降大

运用梯度复合技术的C6与其他助剂并用时，含氟链段仍能迁移至纤维表面或其他助剂成膜表面，保持较好的防水性能

3. AT技术　利用先进的定向排列技术（alignment technology，AT），聚合物的结晶化（crystallization）程度更高，使无氟防水剂在面料表面的性能更容易展现

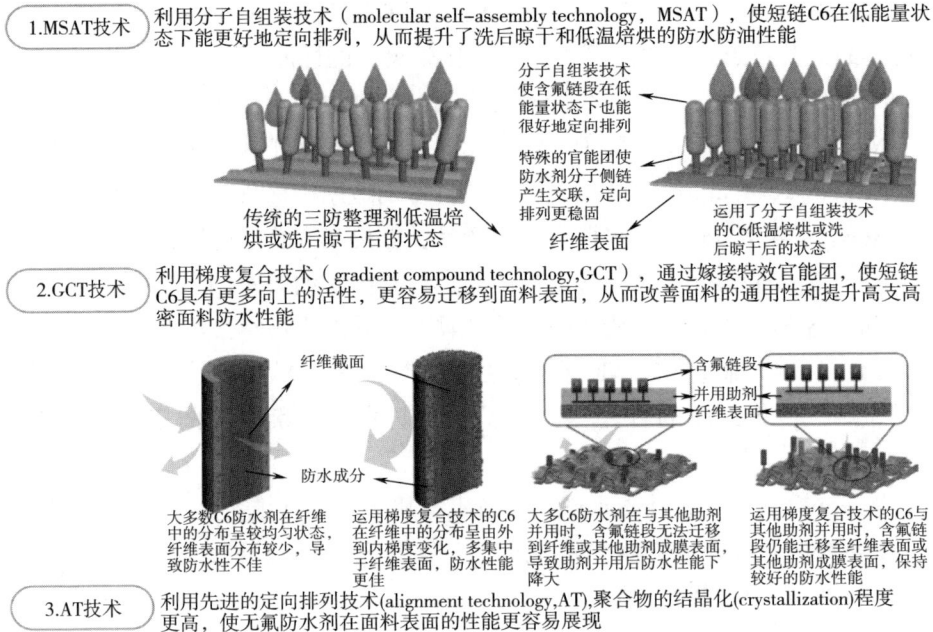

图 5-8　上海福可 C6 短链产品技术特点

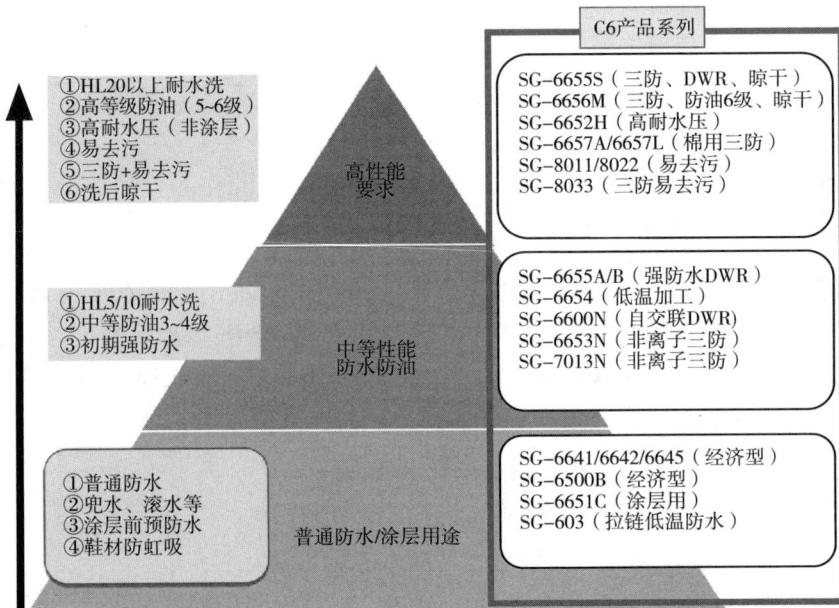

C6产品系列

①HL20以上耐水洗
②高等级防油（5~6级）
③高耐水压（非涂层）
④易去污
⑤三防+易去污
⑥洗后晾干

高性能要求

SG-6655S（三防、DWR、晾干）
SG-6656M（三防、防油6级、晾干）
SG-6652H（高耐水压）
SG-6657A/6657L（棉用三防）
SG-8011/8022（易去污）
SG-8033（三防易去污）

①HL5/10耐水洗
②中等防油3~4级
③初期强防水

中等性能防水防油

SG-6655A/B（强防水DWR）
SG-6654（低温加工）
SG-6600N（自交联DWR）
SG-6653N（非离子三防）
SG-7013N（非离子三防）

①普通防水
②兜水、滚水等
③涂层前预防水
④鞋材防虹吸

普通防水/涂层用途

SG-6641/6642/6645（经济型）
SG-6500B（经济型）
SG-6651C（涂层用）
SG-603（拉链低温防水）

图 5-9　上海福可 C6 短链产品按性能分类

SG-6655A/6655B：耐久防水，中等防油，面料适用性广；

SG-6657A/6657L：特别适用于棉用三防；

SG-6652H：非涂层工艺具有高耐水压特点；

SG-6653N/7013N：非离子三防，耐阴离子稳定性优异；

SG-8011/8022：优异的易去污性；

SG-8033：优异的三防和易去污性。

（2）广东德美/C6 系列。

Furex-616E：三防，高端的防水剂，具有优秀的防水防油性能；

Furex-608E：单防水。

（3）北京中纺/C6 系列。

CTA-566、CTA-568FH：耐久，三拒一抗，高效防护；

CTA-5620B：耐久型防水防油剂；低量高效、耐洗、高性价比；

CTA-5605：箱包面料，涂层牢度好，抗溶剂；

CTC-ISR-6/6C：防污易去污整理剂。

（4）珠海华大/Repex 系列。

REPEX KG-6090N：可适用于大部分纤维，例如涤纶，尼龙，棉及其混纺织物；优异的防水及防油性能，经多次水洗仍能保持良好效果；卓越的产品加工稳定性及与其他后整理助剂的相容性，大大减少粘辊等应用上的问题；高效能，用量少，相对拥有更具竞争力的加工成本。

（5）苏州联胜/C6 系列。

LS-6001/LS-6002A：经济型普通防水，面料适用性广；

LS-6315/6335：耐久型防水防油剂。

第6章

无氟防水剂

6.1 去全氟化合物的由来

2011年7月13日，绿色和平（Green Peace）组织发布了调查报告《时尚之毒——全球服装品牌的中国水污染调查》，矛头直指氟碳化合物，即 PFCs（per-and polyfluorinated compounds 的缩写）等有害化学品。

迫于舆论压力，由服装及鞋类行业主要品牌和零售商组成有害化学物质零排放（Zero Discharge of Hazardous Chemicals，ZDHC）团体，做出共同承诺：引领全行业在2020年实现有害化学物质的零排放。至此，在纺织行业一场去 PFCs 的行动轰轰烈烈地开始了。图 6-1 为目前 ZDHC 的主要成员。

第4章也提到，继 PFOS 和 PFOA 被国际社会淘汰或限制之后，部分学者和公众人物如今开始将火力瞄准全氟或多氟烷基物质（PFAS）这一大类物质。如果一切顺利，含氟防水防油剂很可能在2025年以后在欧洲被全面禁止使用。

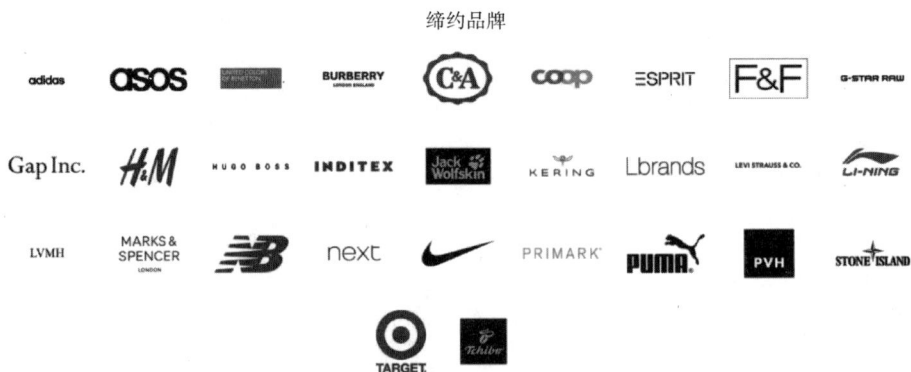

缔约品牌

adidas　asos　UNITED COLORS OF BENETTON　BURBERRY LONDON ENGLAND　C&A　coop　ESPRIT　F&F　G-STAR RAW

Gap Inc.　H&M　HUGO BOSS　INDITEX　Jack Wolfskin　KERING　Lbrands　LEVI STRAUSS & CO.　LI-NING

LVMH　MARKS & SPENCER LONDON　NB　next　NIKE　PRIMARK　PUMA　PVH　STONE ISLAND

TARGET　Tchibo

化学品行业

图 6-1　目前 ZDHC 的主要成员

6.2 品牌动向

为了配合"绿色和平"的"去毒"行动，ZDHC 的最终目标之一是去PFCs，即用无氟防水剂。部分休闲品牌本身防水要求不高，已经完全使用无氟防水剂。部分运动品牌中，要求不高的普通防水服装也已经转换成无氟防水剂。

对防水、防雨淋要求较高的部分运动品类，特别是户外装备，由于受限于无氟防水剂自身的水平，替换进度较慢，所以也一直被绿色和平所诟病，详情可见"绿色和平"发布的所谓"去毒时尚榜"。

6.3 无氟防水剂的发展和现状

6.3.1 传统无氟防水剂类型

6.3.1.1 石蜡—金属盐类

石蜡—金属盐类防水剂中以铝化合物应用较多，是最古老的防水方法之一。该类防水剂使用方便、价格低廉，特别适用于不常洗的工业用布上，如遮盖布和帷幕等。

铝皂法是以铝盐与肥皂及石蜡一起使用，不耐水洗和干洗，手感硬，且带有酸味。但当防水效果降低后，可再经处理而得到恢复。铝皂法按铝皂形成的步骤可分为二浴法和一浴法。

（1）二浴法。织物先经肥皂为乳化剂的石蜡乳液浸轧、烘干（肥皂和石蜡沉积在织物上），再经醋酸铝溶液浸轧，织物上的肥皂与醋酸铝反应生成不溶性的铝皂，反应式如下：

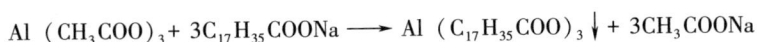

$$Al(CH_3COO)_3 + 3C_{17}H_{35}COONa \longrightarrow Al(C_{17}H_{35}COO)_3 \downarrow + 3CH_3COONa$$

多余的醋酸铝在烘干过程中会发生水解和脱水反应，生成不溶性的碱式铝盐或氧化铝等化合物，并和铝皂、石蜡共同沉积在织物上而起到防水作用，氧化铝还有阻塞织物中部分孔隙的作用。

（2）一浴法。由于两浴法的缺点是黏着力差，易起灰尘，后发展为一浴法来代替。即将铝皂制成分散液，以明胶、聚乙烯醇为保护胶体。后来又有乳化石蜡和铝皂并用的方法。如用氯化锆、醋酸锆、碳酸锆等锆盐代替铝盐，因锆盐能与纤维素分子上的羟基形成络合物。同时，氢氧化锆能吸收石蜡粒子，可改善整理效果的耐久性。

6.3.1.2 反应性脂肪族类

20世纪30年代，反应性脂肪族化合物类防水剂初起。它是以一端有反应性基团的长碳链化合物为改性剂，对纺织品进行化学表面改性，使其获得耐久性的防水效果。其间曾研究开发过不少这类化合物，进入工业化应用的主要品种见表6-1。

表 6-1　反应性脂肪族防水剂的主要品种

开发时期	类型	典型结构	性能				主要商品
			适用范围	价格	加工性	耐久性	
19 世纪	金属皂类	$C_{17}H_{35}COO\!-\!Al\!<^{OH}_{OH}$ +石蜡 或 $C_{17}H_{35}COO$、HO—$Zr\!=\!O$ +石蜡	棉	便宜	较差	不耐久	Presistol Extra (BASF)
20 世纪 30 年代	吡啶季铵类	$C_{17}H_{35}CONHCH_2\!-\!N$⟨环⟩$-Cl$	棉及其混纺	适中	一般	半耐久	Velan PF (ICI)
20 世纪 40 年代	金属络合物类	$C_{17}H_{35}$ 络合结构 Cl_2Cr、$CrCl_2$、H	尼龙、腈纶等	适中	一般	半耐久	Quilon (Dupont)
20 世纪 50 年代	羟甲基类	$C_{17}H_{35}CONHCH_2OH$	棉及其混纺	适中	一般	半耐久	Velan NW (ICI)
20 世纪 50 年代	三嗪类	三嗪环结构 ROH_2C、$R''OH_2C$、CH_2OR、CH_2OR'、$R''H_2C$、CH_2R；$R=CH_3$ 或 C_2H_5；$R'=C_{18}H_{37}$；$R''=\!-\!NHCOC_{18}H_{37}$ 或 $-O\!-\!CH(CH_2\!-\!O\!-\!C_{18}H_{37})_2$	棉及其混纺	适中	适中	半耐久	Phobotex FT, FTS, FTG (Ciba)

（1）吡啶季铵盐类。20 世纪 30 年代，英国 ICI 公司开发了吡啶季铵盐类防水剂，商品名为 Velan PF，当时开创了耐久性防水剂的新纪元。该防水剂在整理过程中能与纤维素反应，生成纤维素醚，其反应式如下：

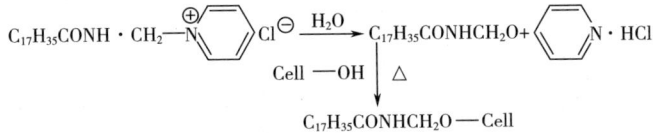

$$C_{17}H_{35}CONH \cdot CH_2 \overset{\oplus}{N} \diagup Cl^{\ominus} \xrightarrow{H_2O} C_{17}H_{35}CONHCH_2O + \diagdown N \cdot HCl$$

$$Cell —OH \downarrow \triangle$$

$$C_{17}H_{35}CONHCH_2O —Cell$$

整理过程中会有吡啶和有毒气体氯化氢放出，故不属于环保类产品，该类防水剂已被淘汰。

（2）金属络合物类。20 世纪 40 年代，杜邦公司提出配价络合型防水剂，商品名为 Quilon，这是防水剂方面的一个新进展。用水稀释后，防水剂溶液的 pH 会升高，加热会引起配合物水解，进一步加热或放置时间过长，会进一步聚合而形成—Cr—O—Cr—键，在溶液中能被纤维吸附。用铬络合物处理后的织物于 150～170℃焙烘时，络合物会发生进一步聚合。同时，该络合物也可与纤维表面的羟基、羧基、酰胺基或磺酸基等反应形成共价键。络合物的无机部分键合于纤维表面，疏水部分远离纤维表面而垂直于纤维表面排列（图 6-2），从而赋予织物以防水性能。在天然或合成纤维织物上可获得半耐久性的防水效果，但铬络合物呈蓝绿色，主要用于深色织物的防水整理。

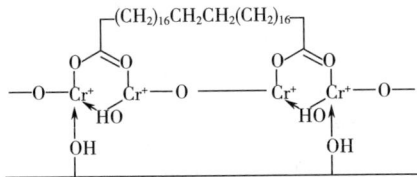

图 6-2　金属络合物类防水剂反应图

由于这种防水剂本身呈深绿色，限制了它的使用范围。同时金属络合物主要是硬脂酸的铬络合物，铬离子对环境有严重污染，不符合生态纺织品的要求。

（3）羟甲基类。羟甲基类防水剂中最简单的是羟甲基硬脂酸酰胺（$C_{17}H_{35}CONHCH_2OH$），由英国 ICI 公司开发，商品名为 Velan NW。它是水分散液，储存不够稳定，使用也不是很广泛。

（4）三嗪类。此类防水剂由 Ciba 在 20 世纪 50 年代完成商品化，其商品名为 Phobotex FT、Phobotex FTS、Phobotex FTG。它是醚化多羟甲基三聚氰胺与硬脂酸、十八醇和三乙醇胺以不同质量比进行改性的两种组分，与石蜡拼混的防水剂（简称三嗪型防水剂）。其中两种改性组分的合成如下：

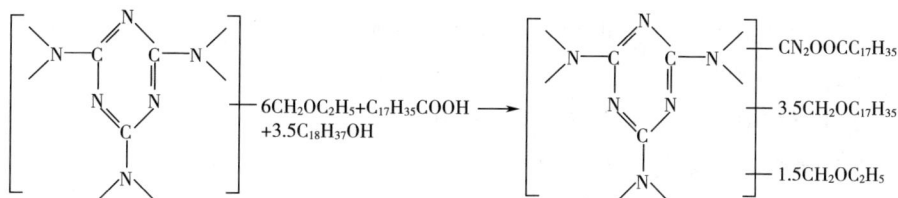

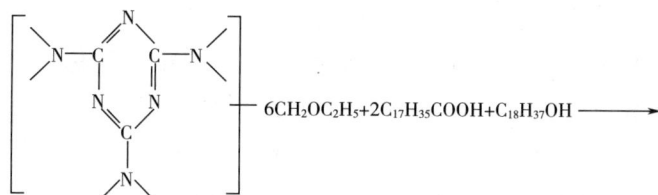

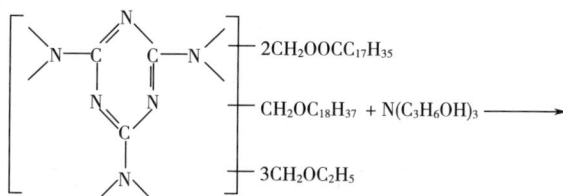

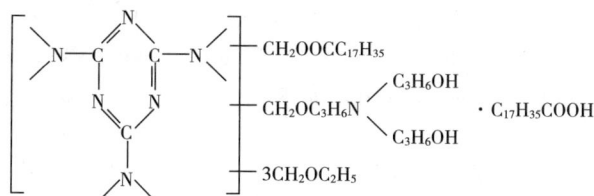

羟甲基三嗪型防水剂，不但防水效果良好，耐久性也较优异，而且经此整理后的织物手感较厚实。此类防水剂拼混石蜡，所以其抗渗水性较吡啶类防水剂为好，在整理过程中无难闻的气体产生。

6.3.1.3　有机硅类

20 世纪 40 年代~50 年代中期，有机硅防水剂进入纺织工业；最初用于处理涤棉混纺和醋纤织物作雨衣。

织物经有机硅防水剂整理后，可达到很好的防水效果，整理后的织物手感柔软，而且有良好的透气性。有机硅又称聚硅氧烷，其分子主链是 Si—O 键，分子间间距长，键能大，分子链链段柔软，且分子侧链可与其他功能性基团结合。在织物烘干定型的过程中，聚合物链段带有的活性基团可与纤维上基团反应，而功能性基团朝向外侧排列，形成一层均匀的防水薄膜。

（1）有机硅类防水整理剂与纤维之间可能发生的反应。

①纤维表面的羟基与硅氧烷的氧发生氢键。

②硅氧烷中≡Si—H基与纤维中羟基发生化学反应。

③硅氧烷中羟基与纤维表面羟基缩合。

④硅氧烷的氧吸附在纤维表面。

（2）传统有机硅防水剂主要类型。

①聚二甲基硅氧烷。以聚二甲基硅氧烷（PDMS，简称二甲基硅油）与易水解的锆或钛化合物（如醋酸锆，氧氯化锆等）配合应用。首先由水解生成的金属氧化物在纤维上形成膜，再由锆或钛原子与硅氧烷中氧原子结合，室温处理就能获得防水效果，但经高温焙烘效果更佳。结构式如下：

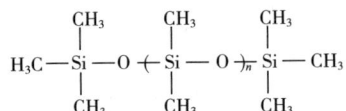

$$H_3C—\underset{\underset{CH_3}{|}}{\overset{\overset{CH_3}{|}}{Si}}—O\left(\underset{\underset{CH_3}{|}}{\overset{\overset{CH_3}{|}}{Si}}—O\right)_{\!n}\underset{\underset{CH_3}{|}}{\overset{\overset{CH_3}{|}}{Si}}—CH_3$$

②聚甲基含氢硅氧烷（或反应性聚硅氧烷）。反应性聚甲基含氢硅氧烷（PMS，简称含氢硅油）是有硅防水剂的主体，与 PDMS 或 α-ω-二羟基聚二甲基硅氧烷（简称羟基硅油）合理混拼，可获得良好的综合效果，由此成为有机硅类防水剂的基本组成。结构式如下：

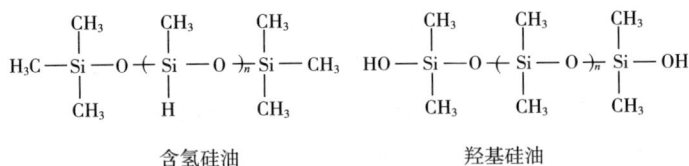

$$H_3C—\underset{\underset{CH_3}{|}}{\overset{\overset{CH_3}{|}}{Si}}—O\left(\underset{\underset{H}{|}}{\overset{\overset{CH_3}{|}}{Si}}—O\right)_{\!n}\underset{\underset{CH_3}{|}}{\overset{\overset{CH_3}{|}}{Si}}—CH_3 \qquad HO—\underset{\underset{CH_3}{|}}{\overset{\overset{CH_3}{|}}{Si}}—O\left(\underset{\underset{CH_3}{|}}{\overset{\overset{CH_3}{|}}{Si}}—O\right)_{\!n}\underset{\underset{CH_3}{|}}{\overset{\overset{CH_3}{|}}{Si}}—OH$$

含氢硅油　　　　　　　　　　　羟基硅油

6.3.2　新型无氟防水剂类型

进入 21 世纪，随着去 PFCs 进程的加速，各大公司围绕着新时代服装的需求（环保和性能），开发出了新一代无氟防水剂。主要有以下产品。

6.3.2.1　石蜡类改性物

无氟防水剂的重新兴起，让石蜡这个使用最传统的防水剂找到了新的用武之地。各大公司对传统石蜡进行改性和复配，提升其各方面性能，包括环保性、稳定性、防水性、加工性等，以适应新的无氟防水剂的需求。

新的石蜡改性物同样在纺织上很少单独使用，一般和丙烯酸或者三聚氰胺树脂进行复配，平衡其性能。如亨斯迈的 Phobotex RSH、Phobotex RHP，拓纳的 BAYGARD 40178，主要成分为石蜡和三聚氰胺；还有上海佳和（CHT）的 ECOPERL 系列，主要成分为石蜡和多聚物；拓纳（Tanatex）的 BAYGARD WRS，主要成分为聚乙烯蜡乳液。

6.3.2.2　改性有机硅类

传统有机硅类防水剂在 20 世纪 50 年代曾被使用，但后来被含氟防水剂占据主导，进而退出主力市场。无氟防水剂的重新兴起同样让有机硅类防水剂被大家所瞩目。传统有机硅防水剂防水效果尚可，适用于手感要求柔软的棉织物。同时因为是双组分，使用比较麻烦，稳定性较差，容易破乳，不适用于化纤面料的高速防水加工。近年对有机硅进行改性的研究报告和专利较多，但真正用于无氟防水剂的新型改性有机硅商品化较少，可能在技术层面还没有大的突破。

2021 年浙江日华（NICCA）推出新型有机硅改性防水剂 NEOSEED NR-8800，主要特点：具有优良的初期及耐久（晾干/烘干）防水性能；加工后布面手感柔软；处理后面料接缝滑移问题小；面料树脂痕/白印问题小。

6.3.2.3　改性丙烯酸类

改性的长链丙烯酸树脂，因其优异的加工性能、耐洗性能，低廉的成本，目前成为无氟防水剂的主流。其缺点是手感较硬、手抓痕较重。改性丙烯酸类防水剂一般会复配石蜡或者有机硅来改善手感。代表性产品如下：

（1）浙江日华，NEOSEED NR-7080。

（2）上海福可的 X-2 Pro 和 X-301 Pro。它是使用新一代多联结构技术开发的丙烯酸无氟防水剂。原理如图 6-3 所示。

此类产品系列具有以下特点：可再生资源成分大于 60%；低用量防水性能突出；广泛的面料通用性防水（尤其是高支高密面料）；优异的动态防水效果；优异的加工持续性；滑移较小；手抓痕大幅改善；对织物色光影响小；成本优势明显。

传统无氟防水剂：

主要含甲基（—CH₃），表面张力大约在30dyn/cm，无法在纤维表面很好地定向排列，动态防水效果一般

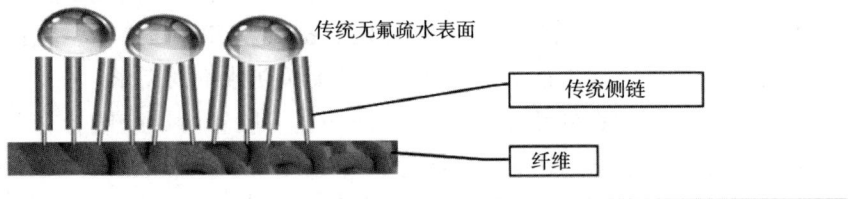

传统无氟疏水表面

传统侧链

纤维

新一代无氟防水剂：

利息仿生学原理，模拟水黾腿，创新地开发出多联结构聚合物，具有更大的接触角，呈现更多定向排列的侧链，结晶化程度也更高，呈现优异的防水性能

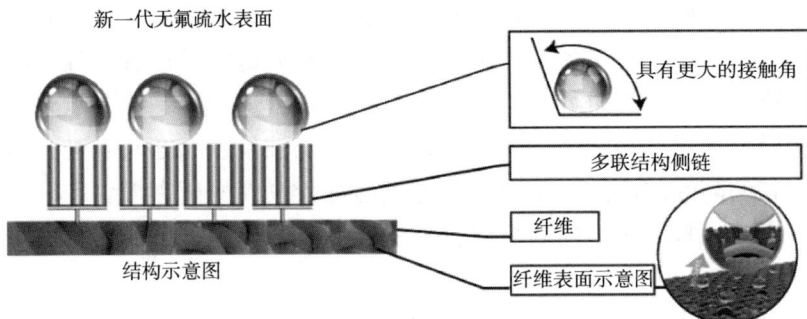

新一代无氟疏水表面

具有更大的接触角

多联结构侧链

纤维

结构示意图

纤维表面示意图

图6-3　新一代多联结构丙烯酸无氟防水剂原理

6.3.2.4　聚氨酯类

聚氨酯类防水剂的特点是：防水效果佳，面料通用性好，耐水洗性能佳，手抓痕尚可。目前在所有无氟防水剂里面是综合性能最好的，当然成本也比较高。代表性产品是科慕的 ZelanR3，通过 Huntsman 来进行销售。其中的一个优势是原料的63%源自可再生资源；其他如3M 的 3705，鲁道夫的 RUCO-DRY ECO，国产如上海福可的 X-9，都是聚氨酯类典型产品。特别是鲁道夫的 RUCO-DRY ECO 号称是树状大分子结构（Dendrimer），在欧系品牌中拥有很高的知名度。

6.3.2.5　纳米 SiO₂改性

纳米 SiO₂改性用作超疏水的研究很多，但在纺织上商品化较少。近期北京中纺创新研制了含有双键的阳离子改性纳米 SiO₂粒子；形成牢固的有机—

无机微纳米结构；实现在各类常见织物上防水等级≥95 分（4~5 级）。解决了无氟防水剂成膜后与织物纤维附力差，多次洗涤后防水性能下降的技术瓶颈，实现了 10 次洗涤后防水等级 4~5 级的高效防水织物。

6.3.3　主要商品化无氟防水剂

目前市场上主要的无氟防水剂都脱离不了以上的类型，或者是以上类型复配的产品。无氟防水剂相较含氟防水剂门槛较低，所以国产无氟防水剂目前也发展很快。但国外大公司在品牌运作方面有很大的优势，很多国外服装品牌都是指定使用其无氟防水剂。表 6-2、表 6-3 分别是国外/国内无氟防水剂主要生产厂家汇总。

表 6-2　国外无氟防水剂主要生产厂家

公司	品牌	结构	典型产品
科慕/Chermours	Teflon EcoElite	聚氨酯	Zelan R3
3M	Scotchgard	聚氨酯	2688/3705
鲁道夫/Rudolf	RUCO—DRY	聚氨酯	ECO, ECO PLUS
HEIQ	Barrier	石蜡	ECO—DRY
亨斯迈/Huntsman	Phobotex	石蜡/密胺树脂	RSH, RHP
拓纳/Tanatex	BAYGARD	石蜡，聚乙烯蜡	40178, WRS
日华/NICCA	NEOSEED	丙烯酸、有机硅	NR-7080/8800
昂高/Archroma	Smartrepel	丙烯酸	Hydro CMD
迈图/Momentive	Magnasoft	有机硅	NFR—A/B

表 6-3　国内无氟防水剂主要生产厂家

公司	品牌	结构	典型产品
广东德美	Furex	丙烯酸、聚氨酯	DM-3696/3698
浙江传化	—	丙烯酸	TF-5016F, TF-501C
上海福可	ECO-BARRIER	丙烯酸、聚氨酯	X-2 Pro, X-301 Pro, X-9
珠海华大	Repex	丙烯酸	KW-9036/9038
北京中纺	—	纳米 SiO_2 改性	CWR-8DC/8DY
苏州联胜	—	丙烯酸	WF-2/20/50

6.3.4 无氟防水剂存在的主要问题及原因

目前的无氟防水剂在性能和加工性方面存在诸多问题，见表6-4。

表6-4 无氟防水剂存在的主要问题和原因分析

过程	问题点	原因
后整理过程	（1）低浓度时防水差	表面张力高
	（2）无氟涂层、轧光、复合加工后防水性能下降大	不耐溶剂
	（3）剥离牢度差	不耐溶剂
	（4）Logo难印，牢度差，易剥落	不耐溶剂
	（5）接缝滑移大	使用量大
	（6）手抓白痕大	使用量大
	（7）色变大	使用量大
	（8）容易出防水斑	乳液稳定性差
	（9）低温防水性差	表面张力高
	（10）面料适用性差	表面张力高
	（11）耐受染色布不干净或者回用水差	表面张力高
	（12）助剂并用性差	表面张力高
	（13）加工持续性差	表面张力高
	（14）乳液稳定性差	表面张力高
	（15）无法同时做到防油防污和易去污	不防油
制衣过程	（1）运输打卷性能下降	表面张力高
	（2）摩擦导致防水下降	不耐磨
	（3）缝纫时不耐针油，服装易被污染	不防油
	（4）如需成衣水洗，性能下降大	表面张力高
	（1）回潮后性能容易下降	表面张力高
	（2）耐磨性差	不耐磨
	（3）防水下降过快，影响涂层等剥离	表面张力高
	（4）只能防小雨，雨滴滚落效果差	表面张力高
	（5）洗涤后性能下降大	耐洗差

　　其根源还是在于目前无氟防水剂的结构（图 6-4），表面张力比较大。迄今为止还没有找到能够替代氟碳化合物的新型无氟防水剂。目前的无氟防水剂还无法达到含氟防水剂的防水效果

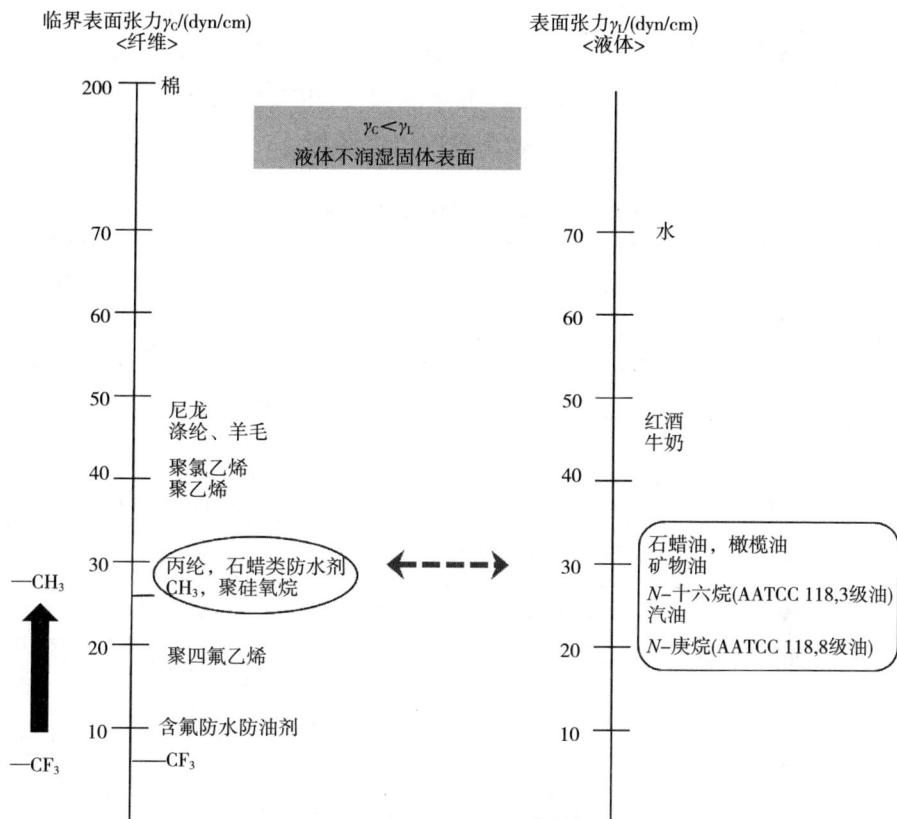

图 6-4　含氟和无氟防水剂的表面张力对比

　　因此，开发功能更全、更高性能的无氟防水剂，特别是表面张力更低的新型聚合物，目前是各大公司的攻关方向。主要侧重于聚氨酯和有机硅改性、聚氨酯和丙烯酸改性、丙烯酸和有机硅改性、纳米 SiO_2 修饰、各种超疏水结构的改性等。

6.4 无氟防水剂的检测

判定无氟防水剂，也即 PFCs Free，之前测定标准是 33 项 PFCs，表 6-5 为无氟防水剂检测项目，主要是参考 ECO PASSPORT by OEKO-TEX（34 项），同时列出了 ITS（天祥）的检出极限值供参考。

表 6-5　全氟及多氟化合物（PFCs）

	名称	简称	ITS 检出限/（mg/kg）
全氟辛烷磺酸及其衍生物（7 种）			
1	Perfluorooctane sulfonic acid and sulfonates/全氟辛烷磺酸和磺酸盐	PFOS	0.025
2	Perfluorooctane sulfonamide/全氟辛烷磺酰胺	PFOSA	0.025
3	Perfluorooctanesulfonfluoride/全氟辛烷磺酰氟	PFOSF/POSF	0.025
4	*N*-Methyl perfluorooctane sulfonamide/*N*-甲基全氟辛烷磺酰胺	*N*-Me-FOSA	0.025
5	*N*-Ethyl perfluorooctane sulfonamide/*N*-乙基全氟辛烷磺酰胺	*N*-Et-FOSA	0.025
6	*N*-Methyl perfluorooctane sulfonamide ethanol/*N*-甲基全氟辛烷磺酰胺乙醇	*N*-Me-FOSE	0.025
7	*N*-Ethyl perfluorooctane sulfonamide ethanol/*N*-乙基全氟辛烷磺酰胺乙醇	*N*-Et-FOSE	0.025
全氟烷基羧酸（12 种）			
8	Perfluoroheptanoic acid and salts/全氟庚酸及其盐	PFHpA	0.025
9	Perfluorooctanoic acid and salts/全氟辛酸及其盐	PFOA	0.025
10	Perfluorononanoic acid and salts/全氟壬酸及其盐	PFNA	0.025
11	Perfluorodecanoic acid and salts/全氟癸酸及其盐	PFDA	0.025
12	Henicosafluoroundecanoic acid and salts/全氟十一烷酸及其盐	PFUdA	0.025
13	Tricosafluorododecanoic acid and salts/全氟十二烷酸及其盐	PFDoA	0.025

续表

	名称	简称	ITS 检出限/（mg/kg）
14	Pentacosafluorotridecanoic acid and salts/全氟十三烷酸及其盐	PFTrDA	0.025
15	Heptacosafluorotetradecanoic acid and salts/全氟十四烷酸及其盐	PFTeDA	0.025
16	Perfluorobutanoic acid and salts/全氟丁酸及其盐	PFBA	0.025
17	Perfluoropentanoic acid and salts/全氟戊酸及其盐	PFPeA	0.025
18	Perfluorohexanoic acid and salts/全氟己酸及其盐	PFHxA	0.025
19	Perfluoro（3,7-dimethyloctanoic acid）and salts/全氟-3,7-二甲基辛酸及其盐	PF-3,7-DMOA	0.025
全氟烷基磺酸（4 种）			
20	Perfluorobutane sulfonic acid and salts/全氟丁烷磺酸及其盐	PFBS	0.025
21	Perfluorohexane sulfonic acid and salts/全氟己烷磺酸及其盐	PFHxS	0.025
22	Perfluoroheptane sulfonic acid and salts/全氟庚烷磺酸及其盐	PFHpS	0.025
23	Henicosafluorodecane sulfonic acid and salts/二十一氟癸烷磺酸及其盐	PFDS	0.025
部分氟化烷基羧酸/烷基磺酸（4 种）			
24	7H-Perfluoroheptanoic acid and salts/7H-全氟庚酸及其盐	7HPFHpA	0.025
25	2H,2H,3H,3H-Perfluoroundecanoic acid and salts/2H,2H,3H,3H-全氟十一烷酸及其盐	4HPFUnA	0.025
26	1H,1H,2H,2H-Perfluorooctane sulfonic acid and salts/1H,1H,2H,2H-全氟辛烷磺酸及其盐	6∶2 FTS	0.025
27	1H,1H,2H,2H-Perfluorodecanesulphonic acid and salts/1H,1H,2H,2H-全氟癸烷磺酸及其盐	8∶2 FTS	0.025
部分氟化线性醇（4 种）			
28	1H,1H,2H,2H-Perfluoro-1-hexanol/1H,1H,2H,2H-全氟-1-己醇	4∶2 FTOH	0.2

	名称	简称	ITS 检出限/（mg/kg）
29	1H,1H,2H,2H-Perfluoro-1-octanol/1H,1H,2H,2H-全氟-1-辛醇	6：2 FTOH	0.2
30	1H,1H,2H,2H-Perfluoro-1-decanol/1H,1H,2H,2H-全氟-1-癸醇	8：2 FTOH	0.2
31	1H,1H,2H,2H-Perfluoro-1-dodecanol/1H,1H,2H,2H-全氟-1-十二烷醇	10：2 FTOH	0.2
氟化醇与丙烯酸的酯（3 种）			
32	1H,1H,2H,2H-Perfluorooctyl acrylate/1H,1H,2H,2H-全氟辛基丙烯酸酯	6：2 FTA	0.2
33	1H,1H,2H,2H-Perfluorodecyl acrylate/1H,1H,2H,2H-全氟癸基丙烯酸酯	8：2 FTA	0.2
34	1H,1H,2H,2H-Perfluorododecyl acrylate/1H,1H,2H,2H-全氟十二烷基丙烯酸酯	10：2 FTA	0.2

第7章

防水防油剂的加工技术及解决方案

7.1 防水防油剂的加工方法

水分散型防水防油剂使用时，需要先用水将防水防油剂稀释几倍，然后通过不同的方式进行后处理，图7-1为防水防油剂的乳液结构与纤维作用原理。

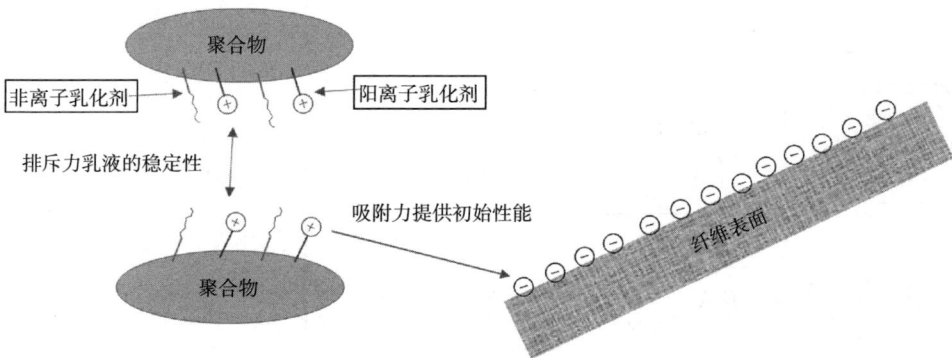

图7-1 防水防油剂的乳液结构与作用原理

一般织物在浸渍防水防油剂后，需要经过高温焙烘（150～180℃），含氟聚合物可以在纤维表面很好地定向排列，呈现出优异的防水防油性能。防水防油剂只在纤维表面成膜，不会影响织物原有的透气性，具体如图7-2所示。

图7-3是常见的4种加工方法，其中浸轧加工（Dip-Nip）应用最广。喷淋加工和泡沫涂层加工适用于单面防水加工。泡沫涂层加工需要配套泡沫整

理机，对发泡工艺的控制比较严格。成衣加工适用于工装、牛仔、衬衫等本身就需要做成衣水洗的服装。

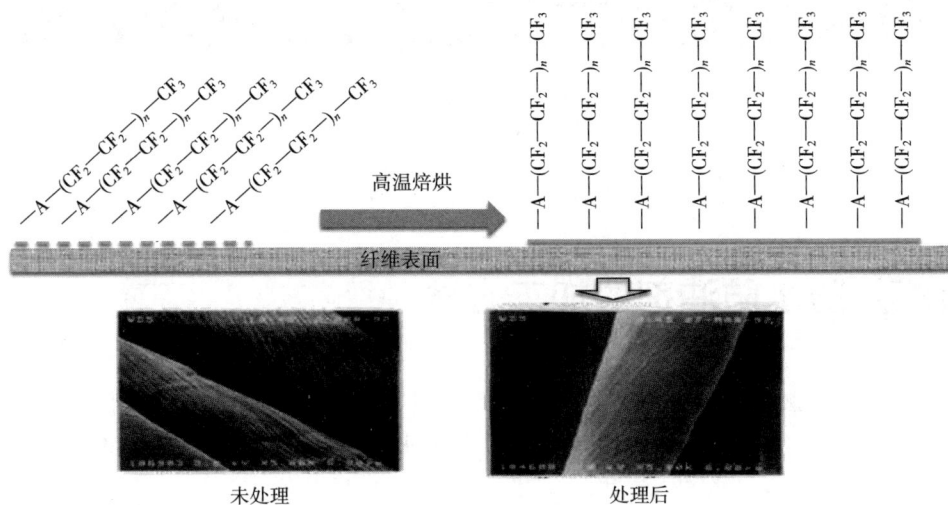

高温焙烘

纤维表面

未处理 处理后

图 7-2 经防水防油剂处理前后的纤维表面示意图

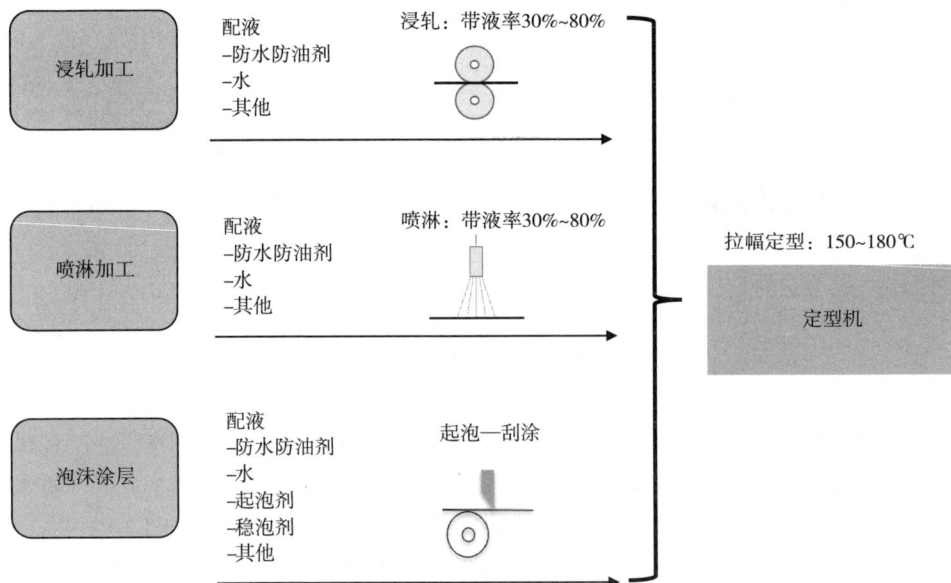

浸轧加工
配液
-防水防油剂
-水
-其他
浸轧：带液率30%~80%

喷淋加工
配液
-防水防油剂
-水
-其他
喷淋：带液率30%~80%

拉幅定型：150~180℃
定型机

泡沫涂层
配液
-防水防油剂
-水
-起泡剂
-稳泡剂
-其他
起泡—刮涂

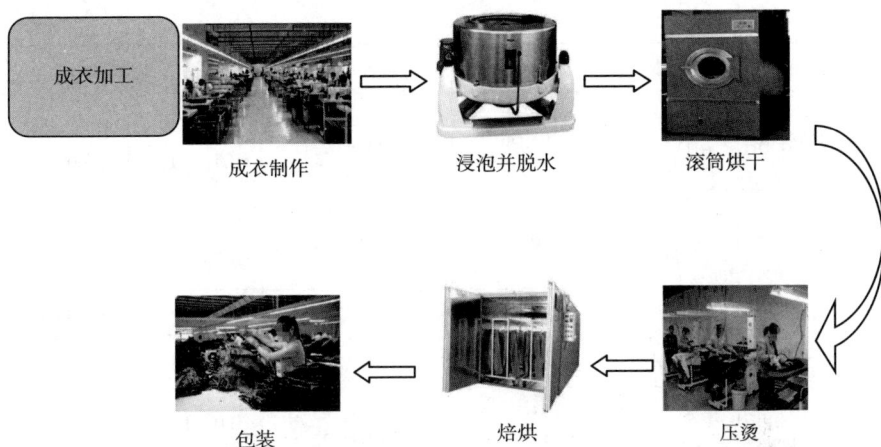

成衣加工 → 成衣制作 → 浸泡并脱水 → 滚筒烘干

包装 ← 焙烘 ← 压烫

图 7-3　防水防油剂常见加工方式（部分图片来自网络）

7.2 防水防油和易去污整理产品的性能要求

2006 年，有文章做了统计：应欧美市场客户要求，对 2006 年我国防水、防油和易去污整理纺织品主要功能性指标的抽样调查，结果显示，在 24370 次的防水效果检测中，不合格率为 11.33%；在 8230 次的防油效果检测中，不合格率为 5.1%；在 9340 次的易去污整理效果检测中，不合格率为 4.5%。这反映了我国防水、防油和易去污整理产品总体水平较高。15 年过去了，随着中国纺织业向强国迈进，纺织设备、纤维、检测水平等也处于世界领先地位，如今的防水防油、易去污加工整体质量逐年提高，生产企业对产品质量检测和控制的意识也日益增强。

国内外主要服装品牌防水、防油和易去污整理产品性能要求见表 7-1。

表 7-1　国内外主要服装品牌防水、防油和易去污整理产品性能要求

品牌	产品	功能	测试方法标准	性能要求
德国运动品牌 A	机织	防水	AATCC 22	HL20：80
美国运动品牌 N	机织	防水	ISO 4920	HL0：≥3 HL10：≥3 HL25：≥3

续表

品牌	产品	功能	测试方法标准	性能要求
美国运动品牌 N	针织	防雨淋	AATCC 35	HL0：<1g 2min@ 600mm HL5：<1g 2min@ 600mm
美国户外品牌 C	机织	防水	AATCC 22	HL0：100 HL20：80
		防雨淋	AATCC 35	HL0：<1g 2min@ 600mm
	针织	防雨淋	AATCC 35	HL0：<1g 2min@ 600mm
	机织	三防	AATCC 22	HL0：100 HL20：80
			AATCC 118	HL0：6 HL20：4
			AATCC 193	HL0：6 HL20：4
美国休闲品牌 G	机织	三防	AATCC 22	HL0：90 HL3：90 HL30：70
			AATCC 118	HL0：5 HL3：4 HL30：3
	针织	三防	AATCC193	HL0：5 HL3：4 HL30：4 Dry Clean：4
			AATCC 118	HL0：5 HL3：4 HL30：3 Dry Clean：4

续表

品牌	产品	功能	测试方法标准	性能要求	
美国工装品牌 J	机织	三防	AATCC 193	HL0：6	HL20：5
			AATCC 118	HL0：5	HL20：3
	针织	三防	AATCC 193	HL0：5	HL20：4
			AATCC 118	HL0：4	HL20：3
	机织	易去污	AATCC 130	HL0：4	HL20：3.5
	针织	易去污	AATCC 130	HL0：4	HL20：3.5
	机织	三防+易去污	AATCC 193	HL0：5	HL20：4
			AATCC 118	HL0：4	HL20：3
			AATCC 130	HL0：3.5	HL20：3
	针织	三防+易去污	AATCC 193	HL0：4	HL20：4
			AATCC 118	HL0：4	HL20：3
			AATCC 130	HL0：3.5	HL20：3
法国户外品牌 D	机织	防水	ISO 4920	HL5：3（LTD）	

续表

品牌	产品	功能	测试方法标准	性能要求
美国工装品牌 L	工装	三防+易去污	AATCC 193	HL30：4
			AATCC 118	HL30：3
			AATCC 130	HL30：3
		三防	AATCC 193	HL30：4
			AATCC 118	HL30：3
		易去污	AATCC 130	HL30：3
美国衬衫品牌 P	棉衬衫	三防	AATCC 193	HL0：6 HL10：5
			AATCC 118	HL0：5A HL10：3A
		易去污	AATCC 130	HL0：3.5 HL10：3
欧洲著名零售品牌 M	机织、针织	防雨淋	AATCC 35	HL0：<1g 2min@ 600mm HL5：<1g 2min@ 600mm
		防水	ISO 4920	HL0：4 HL3：2
	成衣	防雨淋	AATCC 35	小雨：<1g 30s@ 2ft 中雨：<1g 2min@ 600mm 大雨：<1g 5min@ 3ft
		防水	ISO 4920	HL0：4 HL1：2
国内某品牌	羽绒服、棉服	三防	GB/T 4745—2012	HL0：4 HL3：3
			GB/T 19977—2014	HL0：4 HL3：3
			GB/T 30159.1—2013	HL3：3~4（耐沾污性）

由表 7-1 可以看出，服装功能要求主要分防水、防雨淋、防油、三防、易去污、三防+易去污、耐沾污性，根据织物品种（机织、针织），按照不同的服装用途，性能要求不一样。

出口至美国的防水整理服装可归于低关税产品类别，但前提是必须出具防水整理服装的测试结果证明。非防水整理服装关税为 28.6%，防水整理的夹克和裤子的关税为 7.3%。美国海关认为，防水整理服装应符合 AATCC 35 标准，在 $5.884×10^3$ Pa（600mmH$_2$O）压力下，喷淋 2min 后所渗透的水量不超过 1g，且必须是经过涂层、防水整理的面料、里料或内衬的测试结果。美国海关还要求必须对整理后的服装进行测试。鉴于此，美国各大品牌公司均要求防水产品的透湿量小于 1g，而欧洲公司则没有对该指标提出具体要求。

对于防水产品，主要使用喷淋试验（AATCC 22 标准）和抗水/乙醇试验（AATCC 193 标准）评价。欧美公司的要求基本上是洗前应达到 90~100 分（或者抗水/乙醇 5 级），洗后达到 70~80 分（或者抗水/乙醇 4 级）。实际贸易生产中，各公司根据产品用途，各自指定相应的质量要求，而且均有耐久性要求（耐水洗和干洗）。水洗一般要求 10 次、20 次，最多 30 次；干洗次数则要求 3~5 次。水洗又区分洗后烘干、洗后晾干。洗后晾干是比较难做的整理，需要前处理、染色、后整理的系统配合才能保持性能稳定。

对于三防产品，机织服装主要使用喷淋试验（AATCC 22 标准）、拒油试验（AATCC 118 标准）评价；针织服装主要使用抗水/乙醇试验（AATCC 193 标准）、拒油试验（AATCC 118 标准）评价。

对易去污产品，主要使用油滴去除法（AATCC 130 标准）。产品要求洗前达到 4~5 级，洗后达到 3~4 级。水洗一般要求 10 次、20 次，最多 30 次。

7.3　纤维的特性与防水防油剂的加工

在进行防水防油整理加工时，天然纤维、合成纤维各自具有不同的特性，这些特性对于防水防油剂的加工产生很大的影响。本节对有代表性的纤维与防水防油剂的表面化学性质、加工性能的关系进行介绍。

7.3.1　纤维的种类与表面电位

通常，纤维可区分为天然纤维和合成纤维，这些纤维不仅是化学结构的不同，还有结晶区、非结晶区等超分子微细结构在拉伸等过程中发生的各种复杂的变化。这种纤维结构、性能的差异会反映在溶液中的纤维的表面状态上。

在有关纤维的各种表面状态中，以水为介质进行加工时，最重要的是表面电位。一般，将胶体分散体系置于电场或其他力场时，固定层的粒子与带有扩散层的液体部分，相互之间进行相对运动。相对运动可以认为有两种方式：液体静止，粒子运动；粒子静止，液体运动。若使之进行相对运动后，测定其物理量，就可求得粒子表面的表面电位即 Zeta (ζ) 电位。这时 Zeta 电位就成为决定粒子的移动速度、液体流量的因素。

根据测定的 Zeta 电位，就可获得高分子电解质和表面活性剂的粒子表面吸附状态的情况，一般对纤维来说，主要采用流动电位法测定，而防水防油剂的乳液粒子则采用电泳分析法测定。图 7-4 是 Zeta 电位概念。

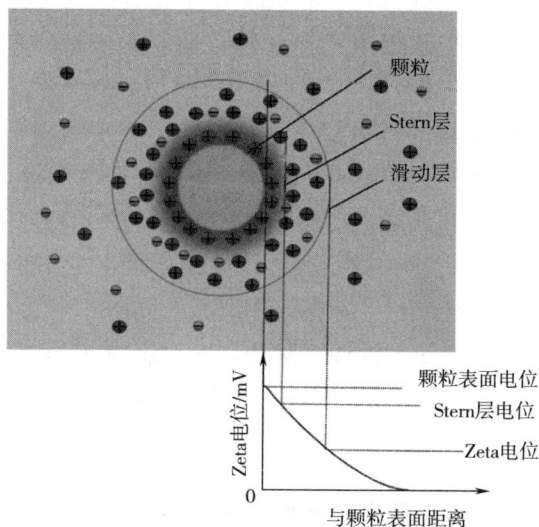

图 7-4　Zeta 电位概念

从上述 Zeta 电位来看，纤维可分为阴性纤维和两性纤维，以下就这个观点对代表性纤维进行说明。

7.3.1.1　阴性纤维

（1）棉、黏胶纤维等。棉由纤维素构成，虽具有如下的分子结构式，由于漂白、空气氧化等原因而含有羧基，因此在水中显示出负电荷。与此相同，黏胶纤维的情形也是如此。

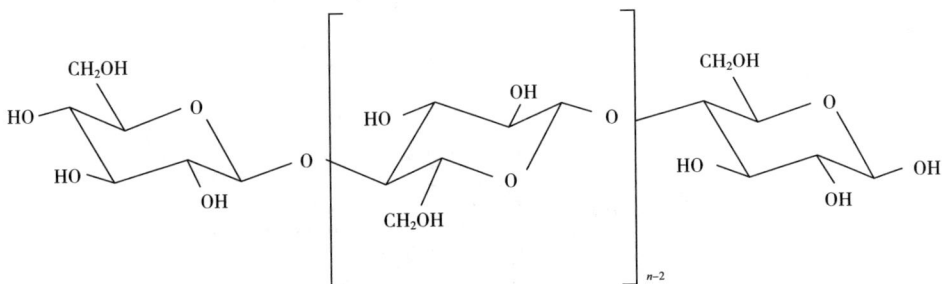

（2）PET 聚酯纤维。聚酯纤维由对甲苯二甲酸与乙二醇聚合而成，分子结构式如下，因为在链端含有羧基，在水中显示出负电性。

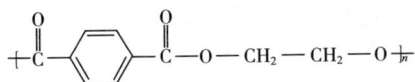

7.3.1.2　两性纤维

羊毛、丝和尼龙等被称为两性纤维，分子结构式如下。因为其酸性基团（羧基）和碱性基团（氨基）共存，具有两性行为，在某 pH 时，显示出等电点。

尼龙 66：

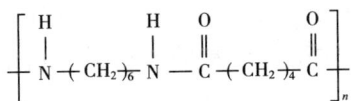

尼龙 6：

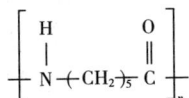

7.3.2　防水防油剂的加工

7.3.2.1　防水防油剂的离子性与纤维表面的状态和防水性的关系

防水防油剂加工，主要是纤维的表面被覆盖。在以水为介质的加工中，纤维和乳液粒子各自的表面电位将影响处理效果。以棉为例，乳液粒子的 Zeta 电位与防水处理效果以及各个阶段纤维表面的被覆盖状态有关，其模型如图 7-5 所示。

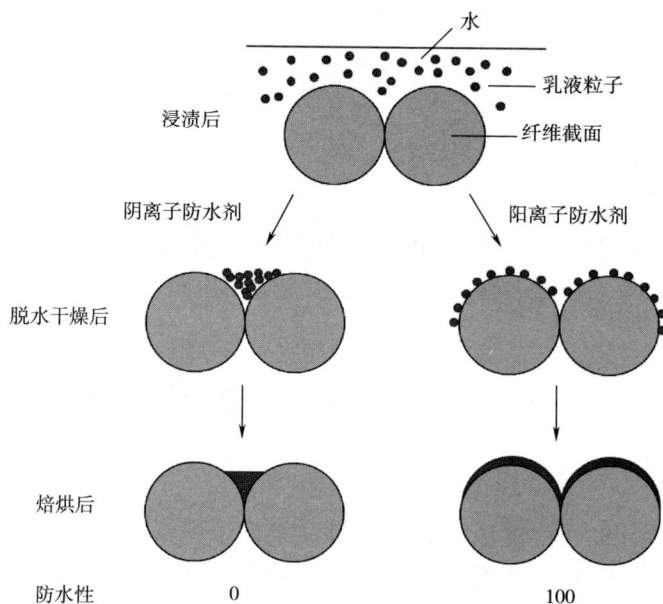

图 7-5　防水防油剂的离子性与棉纤维的被覆盖状态

聚酯纤维像上图的情况比较少。对聚酯纤维处理的防水防油剂，如采用同棉一样的处理方法，有时得不到高防水性能，这是因为防水防油剂的 Zeta 电位不适当。

7.3.2.2　织物的 Zeta 电位与 pH 的关系

常规织物如棉、涤纶、尼龙在不同 pH 下的 Zeta 电位关系如图 7-6 所示。

棉织物随着 pH 不同，一直保持负电位 $-25 \sim -20\text{mV}$，波动不是太大；涤纶随着 pH 的增大，负电位越来越大；尼龙因为是两性纤维，当 $\text{pH} \leqslant 4.5$ 时，呈现正电位，当 $\text{pH} > 4.5$ 时，呈现负电位。

另外，研究发现，对于尼龙等两性纤维而言，不同染料染色后的纤维，Zeta 电位与 pH 的关系也不一样。图 7-7 显示的是分别使用绿色荧光染料和普通红色染料染色的尼龙纤维的 Zeta 电位与 pH 的依赖关系。可以看出，防水防油剂处理液的 pH 在 3 左右时，采用不同染料染色的两种尼龙电位分别显示

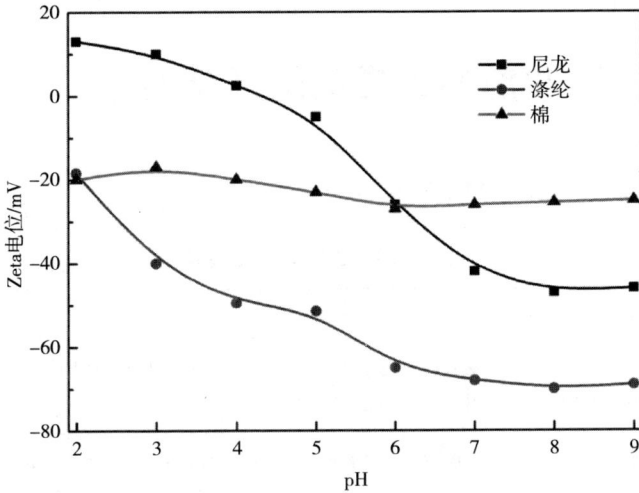

图 7-6　未染色织物的 Zeta 电位与 pH 的关系

出正和负的值，具有完全相反的电荷。因而，即使用同样的阳离子防水防油剂处理，也得不到同样的性能。如将处理浴的 pH 调节到 6，Zeta 电位都显示出负值，可以得到同样的防水性能。

　　因此，在防水防油剂加工中，必须要注意，Zeta 电位的值是根据 pH 而变化的，因而会影响最终的防水防油性能。

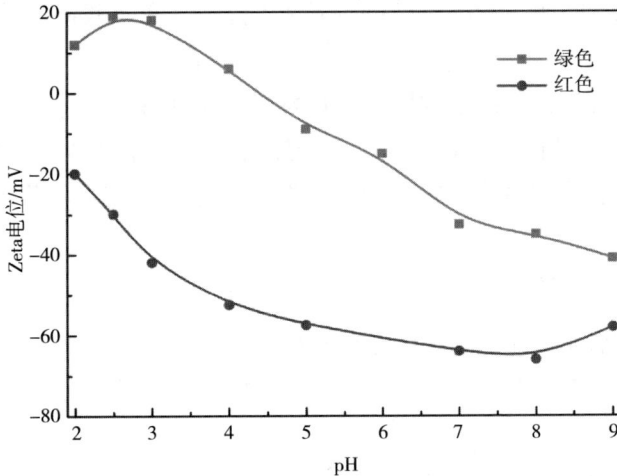

图 7-7　不同染料染色的尼龙纤维 Zeta 电位和 pH 的关系

7.4 防水防油剂加工常见问题及对策

常规纤维面料加工注意事项见表7-2。

表7-2 常规纤维面料加工注意事项

纤维	加工注意事项
涤纶	建议加工pH 4~5，涤纶表面负电位比较强，在防水加工初期会吸附过多的防水防油剂乳液，调整pH可以改善一些加工持续性的问题
锦纶	建议加工pH 5.5~6.5。尼龙属于两性纤维，pH过低时纤维表面显示正电性，不利于防水防油剂吸附和性能发挥；pH为5.5~6.5时纤维表面显示负电性，不仅可以保证防水防油剂吸附效果，又能保证防水防油剂乳液稳定
棉	棉纤维织物加工时，多数会添加固色剂提高色牢度。固色剂会影响防水防油的效果，需要选取合适的固色剂并用效果较好的防水防油剂进行加工处理

7.4.1 初始防水防油性能不佳

7.4.1.1 原因

（1）加工布问题。精练或染色布清洗不充分，布上残留精练剂、匀染剂、分散剂等。

（2）工作液问题。使用浓度不当或加工中浓度发生变化；或者工作液受机械搅拌、温度、拼用药剂等影响，稳定性变差；或者工作液配制顺序不当。

（3）加工条件方面的问题。防水剂选择不适合，或者干燥和烘焙条件不充分，不均匀。

7.4.1.2 对策

（1）在防水加工前，对加工布应充分水洗。

（2）选择适合于加工纤维的防水剂，加工中尽可能不断补充新配制的工作液。

（3）加强加工布温度管理，避免烘干后的热布直接进入工作室。

（4）了解拼用药剂的相容性，按照调配顺序配制工作液，当助剂用温水稀释时需冷却后再加防水剂。配制的工作液需在 24h 内使用。

（5）干燥、焙烘温度应均匀，焙烘温度不宜过低，一般在 150℃ 以上。

7.4.2　涤纶、尼龙高支高密面料加工性能差

7.4.2.1　原因

（1）高支高密面料前道加工用精练剂、匀染剂、分散剂等助剂残留量大。

（2）面料克重低，带液率偏低，湿布加工。

7.4.2.2　对策

（1）控制前道出水干净。

（2）尽量采用干布加工，并加入专用渗透剂，提高润湿效果和带液率。推荐的专用渗透剂有上海福可 AX-203W、亨斯迈 Invadine PBN。

7.4.3　加工过程持续性不佳

7.4.3.1　原因

（1）选择的防水防油剂本身持续性不佳。氟质量分数不一，表面电位也不同，加工持续性就有差异。一般来说，有效有机氟量越高，表面电位越低，加工持续性就越好，成本就越低。

（2）湿布加工。许多印染厂用刚染完色的湿布离心脱水后直接进行防水防油加工，如果织物的带液率（WPU）大，布面优先吸附防水剂大分子。布面所带的水分经轧车后部分回流到工作槽中，使得布面水量被带入轧槽的速度远大于防水剂被吸附的速度，造成防水防油剂质量分数下降，防水防油效果也随之下降。

（3）使用浓度太低。

（4）纤维吸液性差，只带走了防水剂，不带走水，所以浓度下降很快。

7.4.3.2　对策

（1）可通过实验室先验证，选择持续性好的防水防油剂。

推荐 C8 产品：上海福可 SG-480C/588、传化 TF-4109B、常州灵达 228A、上海那可 NCT-8013、广东德美 DM-3668、北京中纺 FK-559H。

推荐 C6 产品：上海福可 SG-6641/6655A/6655B、北京中纺 CTA-5620B、珠海华大 KG-6090N。

（2）湿布加工时，连续加工过程必须适时补充新鲜的防水防油剂工作液。

（3）适当增加使用量。

7.4.4 防水加工后，剥离强度差，涂层、贴膜牢度不够

7.4.4.1 原因

防水剂品种需要调整，普通防水品种侧重初期防水，没有交联效果，介于涂层胶与面料之间，易于剥除。

7.4.4.2 对策

选择防水剂体系含有氯乙烯（VCM）的产品，具有交联效果，可提高剥离强度。

推荐 C8 产品：上海福可 SG-589/588、常州灵达 228A、上海那可 NCT-8013、广东德美 DM-3668、北京中纺 FK-559H。

推荐 C6 产品：上海福可 SG-6655A/6655B、北京中纺 CTA-5605、珠海华大 KG 6090N。

7.4.5 防水渍/防水条斑

7.4.5.1 防水渍产生

（1）原因。

①工作液稳定性不良。可通过高速搅拌后，观察工作液的表层，轧辊上是否有浮渣确定。

②面料上有杂质，在加工进行中不断前移到液槽里，导致一些防水剂乳液粒径增大，吸附在面料上，形成斑点。

③可能产生恶性泡。用手摸，若结块变浮渣，即为恶性泡。

（2）对策。

①注意控制工作液的温度不超过 35℃。

②面料清洗干净，或选择稳定性好的防水剂产品。

③发现恶性泡时，添加防水专用消泡剂，推荐上海福可 AX-207。

7.4.5.2 防水条斑产生

（1）原因。

①染色不匀。

②轧车压力不匀，造成轧液率不匀。

③工作液的渗透性不良，液体流淌下来，此现象多见于高密度等渗透性不良的织物。

（2）对策。

①保证染色均匀。

②使用均匀轧车，并注意经常清扫轧辊、轧槽。

③选用渗透性高的防水剂及拼用渗透剂。推荐的专用渗透剂有上海福可AX-203W、亨斯迈 Invadine PBN。

7.4.6　色光变化大

7.4.6.1　原因

（1）防水剂本身问题。防水防油剂在纤维表面成膜，对染色面料有一定增深效果，导致深色面料色变明显。

（2）染料问题。敏感染料染色的织物，在防水防油加工中需要注意工艺条件的控制。例如，分散紫染色的织物，高温（180~200℃）定型时蓝光加深、红光减少，色变在 1 级以上。解决办法是降低温度至 130~150℃，同时降低防水防油剂的用量。另外，分散染料 3B 红染色的织物在酸性较强的工作条件下，织物浸轧后再经高温定型会有很明显的蓝点或蓝条出现。分散染料3B 红不耐酸，防水防油稀释液 pH 保持在 6~7 较理想，不宜过多添加冰醋酸等酸性助剂。

（3）织物问题。对于一些加工要求不高的色织装饰布，为了降低成本，印染单位常采用坯布直接进行防水防油加工，引起较大的色变。因为织物坯布表面有较多的浮色，浸轧防水防油剂工作液时布面浮色被大量洗下；同时所用染料的耐升华色牢度较差，成品布的色光变浅也就不可避免。

7.4.6.2　对策

（1）解决色光变化可通过预备试验确认色光变化程度，然后进行配色。

（2）对色光变化要求不高时，可以选择对面料色光影响较小的产品进行加工。

（3）加工时尽可能及时地补充新配制的工作液（有自动添加液体装置更佳），以防头尾色差。

（4）如果加工色织装饰布等，建议加工前对织物进行水洗。

7.4.7 加工过程粘辊

7.4.7.1 原因

（1）防水剂产品的稳定性差异。相同工艺条件下，用不同的防水防油剂，产生粘辊的概率大相同。低品质的防水防油剂中添加填充剂来满足固体质量分数的要求，导致产品的稳定性变差。

（2）设备。使用表面较粗糙的轧辊浸轧防水防油剂工作液时，轧辊表面很容易被析出物沾污，而且随着织物的颜色不同，沾污物色光也相异，如落后的蒸汽烘筒产生粘辊的概率会明显增加。

（3）织物表面残留助剂。涤纶织物前处理时如果水洗不完全，残留较多阴离子型表面活性剂，则发生粘辊的概率大大增加。有加工单位曾经出现这样的现象：本白涤纶布进行防水防油处理时出现较多白点，粘辊现象很严重；而同样规格的染色布，使用相同的防水防油加工工艺就没有出现类似的粘辊现象。其原因是前处理退浆中使用的液碱为全棉织物丝光工艺后的回收碱，虽经沉淀处理，但仍有大量的表面活性剂和杂质存在，吸附到布面上难以清洗，造成本白布的粘辊；而染色布经过高温染色后，布面残留物高温下已大部分分解，且增加了水洗过程，布面相对较干净。

（4）加工环境。粘辊现象具有季节性，在夏秋二季比较集中。防水防油加工时，环境温度超过35℃，粘辊概率就会明显提高。同时，受气候影响，水质变化较大。使用地下水的单位尤其要注意水处理质量，尽管水的硬度得到了控制，但所含有机物超标也容易引起粘辊。

7.4.7.2 对策

（1）选择本身稳定、粘辊倾向小的防水防油剂。

推荐 C8 产品：上海福可 SG-480C/588、浙江传化 TF-4109B、常州灵达228A、上海那可 NCT-8013、广东德美 DM-3668、北京中纺 FK-559H。

推荐 C6 产品：上海福可 SG-6641/6655A/6655B、北京中纺 CTA-5605、珠海华大 KG-6090N。

（2）轧槽中设置冷凝循环水管或加入冰袋降温。

（3）面料前道加工出水干净，避免阴离子杂质带入。

（4）避免使用回用水和河水加工。

（5）添加抗粘辊剂改善。推荐上海福可 AX-206、AX-206new，添加比例为 1~3g/L。

7.5 防水防油剂的分类

防水防油剂在纺织上的应用从最初的简单防水延伸到防水防油、易去污、耐水压、防虹吸、防雨淋等众多要求，品类也从帆布、雨衣等单一织物拓展到服装、纺织材料、鞋材、家居、非织造布等。

可按照不同防水防油要求和用途对防水防油剂进行分类，见表 7-3。

表 7-3　防水防油剂的分类

用途	服装类型	普通防水	耐久防水（DWR）		强防水		三防（WR／OR）	耐水压或抗渗水	防虹吸	防热水或热饮	抗酒精	单面处理		易去污		
		沾水、兜水等	洗后烘干（LTD）	洗后晾干（LAD）	防雨淋	防暴雨						单防单吸	单向导湿	防水易去污	亲水易去污	易擦除
服装	羽绒服/滑雪服	√	√	√												
	冲锋衣		√	√		√										
	皮肤衣				·			√								
	风衣		√			√										
	衬衫						√		√			√	√	√	√	
	工作服/制服						√							√		
	牛仔服		√													
	西服						√									
	沙滩裤							√								
	抓绒衣/卫衣		√												√	
	T恤											√	√		√	

续表

用途	服装类型	普通防水 沾水、兜水等	耐久防水（DWR） 洗后烘干（LTD）	耐久防水（DWR） 洗后晾干（LAD）	强防水 防雨淋	强防水 防暴雨	三防（WR／OR）	耐水压或抗渗水	防虹吸	防热水或热饮	抗酒精	单面处理 单防单吸	单面处理 单向导湿	易去污 防水易去污	易去污 亲水易去污	易去污 易擦除
鞋材	真皮								√							
	超纤革	√							√							
	纺织布	√							√							
家居	桌布						√							√		
	被套/床单						√							√		
	沙发															√
	墙布	√														
非织造布	手术衣/防护服	√									√					
	袋式除尘	√														
	空气过滤					√										
	汽车内饰	√				√										
其他饰物	箱包/背包	√														
	雨伞	√														
	浴帘	√														
	帐篷	√														
	植绒布	√														
	衬布	√														
	羽绒	√														
	帆布	√														
	织带	√							√							
	拉链	√														
	手套	√														

防水防油剂加工过程中还需要使用不同的配套助剂来提升或者改善性能，以满足不同的加工要求。图 7-8 的防水防油剂加工配套助剂指导图是以福可新材料（上海）有限公司产品为例，仅供参考。

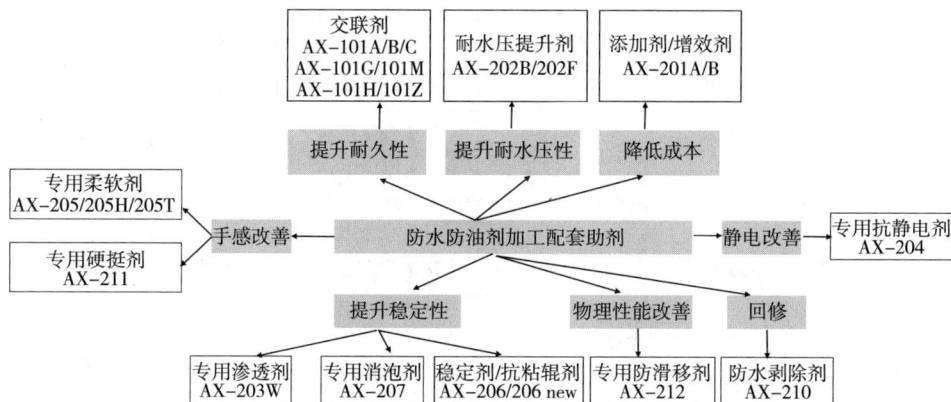

图 7-8　防水防油剂配套助剂指导图

7.6　防水防油剂整理案例

7.6.1　特氟龙整理

7.6.1.1　定义

特氟龙（Teflon）是杜邦公司（现科慕公司）含氟聚合物的著名品牌。在纺织行业目前主要有：Teflon 羽绒和织物保护剂、Teflon EcoElite 源自可再生资源的持久防泼水剂（无氟）。因其在全球消费品领域的知名度，一般都是服装品牌指定使用 Teflon 产品，然后悬挂 Teflon 吊牌。面料贸易商和印染加工厂有时候会直接称呼"Teflon 整理"，代指"三防"整理，可见其全球品牌推广是非常成功的。

在纺织行业，具有同样知名度的是 3M 公司的思高洁（Scotchgard）品牌。

7.6.1.2　Teflon 产品分类和要求

Teflon 产品分类和要求见表 7-4、表 7-5。

表 7-4　Teflon 按用途和要求的分类

类型	等级	说明	效果	耐水洗牢度
防污	Shield	初级型防污	有效抵御水性污渍，专注防雨	10 次或20 次
	Shield+	标准型防污	有效抵御水性及油性污渍	10 次
	Shield Pro+	强效型	强效抵御水性及油性污渍	30 次
易去污	Clean	标准型易去污	有效去除污渍	10 次
	Clean+	强效型易去污	强效去除深层污渍	30 次
	Clean & Dry	速干型易去污	对柔软衣物有出色的渗透性并能减缓布料经洗涤而产生的色泽暗沉情况	20 次
防污易去污	Shield & Clean+	高级型双效防污	高效抵御和防止水性、油性污渍及其他深层污渍	20 次水洗3 次干洗

表 7-5　Teflon EcoElite 和 Teflon EcoDry 整理要求

织物类型	初始	水洗后
机织物	90	80
针织物	80	70

7.6.1.3　Teflon 吊牌

（1）吊牌样式。使用 Teflon 产品，并且检测合格，可以申请 Teflon 吊牌。吊牌样式如图 7-9 所示。

图 7-9　Teflon 吊牌样式

（2）Teflon 吊牌申请流程（图 7-10）。

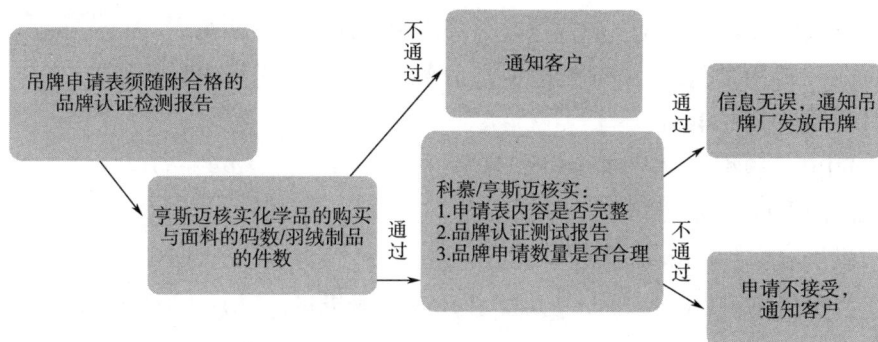

*吊牌订单操作时间为4~5个工作日，境外交货需要增加2~4个工作日。

图 7-10　Teflon 吊牌申请流程

在推广 Teflon 品牌的活动中，杜邦提供的吊牌、客户自行设计的吊牌或包装都必须满足以下标准：

①工厂/后处理厂商批准采用 Teflon 布料防护科技处理。

②科慕公司的氟化学产品必须应用于织物中，不得使用竞争对手的氟产品。科慕公司的氟化学产品由亨斯迈公司销售，产品名称为 Phobol CP。

③满足全球性能规范测试的要求。在全球规范手册中概述了这些规范。由亨斯迈公司的实验室或经其认可的测试实验室进行品牌认证测试，其数据必须每隔 50000 码测试一次，或对所有新产品都进行测试。

7.6.1.4　Teflon 整理举例

（1）溶解/稀释。可用等量的冷水稀释 Phobol CP-SLA，并加入含醋酸的浴液中。若与纤维素交联剂、填充剂及添加剂等一起使用，必须预先稀释这些化学品，并最后加入 Phobol CP-SLA。在纤维素及其混纺织物中使用纤维素交联剂 Knittexfel New 时，浴液中不必加入醋酸。

（2）织物的准备。为获得最佳效果，用于整理加工的织物必须除去所有的加工助剂，如润湿剂、染色助剂、浆料残留物、柔软剂及其他表面活性剂。

为避免影响效果，一些机械整理如轧光、电光、刷毛等可在染色后焙烘前进行；汽蒸和蒸化加工在焙烘后进行可提高整理效果；拉毛和磨毛加工应在整理前进行。

Teflon 整理可能影响分散染料染色和印花织物的耐摩擦色牢度，建议进行预先试验。进一步的后续加工，如成衣水洗、贴膜、涂层等可能影响污渍管理性能，建议预先试验，确保这些处理后织物性能不被影响。

（3）应用工艺。Teflon 整理主要是通过浸轧工艺进行织物的加工。

配制液 pH：4~6

WPU：30%~70%（取决于纤维）

浴液温度：20~25℃

烘干温度：110~130℃

分步焙烘：150℃×5min（烘焙机）或快速焙烘：110~170℃处理 45~60s（定型机）

Phobol CP-SLA 整理剂用量：20~80g/L

（4）应用举例及推荐配方。

【实例1】超细涤纶休闲装织物

Invadinepbn（渗透剂）：5g/L

60%醋酸：1g/L

Phobol CP-SLA（C6 防水防油剂）：40g/L

Zerostat FC New（抗静电剂）：0~8g/L

【实例2】涤纶塔夫绸夹克

Invadine PBN（渗透剂）：5g/L

60%醋酸：1g/L

Phobol CP-SLA（C6 防水防油剂）：30~40g/L

Phobotex RSH（无氟防水剂）：0~60g/L

Zerostat FC New（抗静电剂）：0~8g/L

【实例3】涤/棉雨衣织物

Invadine PBN（渗透剂）：5mg/L

Knittex FEL（免烫树脂）：30~40g/L

Knittex Catalyst MO（催化剂）：9~12g/L

Phobol CP-SLA（C6 防水防油剂）：40~60g/L

Phobol Extender XAN（交联剂）：0~10g/L

Megasoft CEC 或 Megasoft JET-LF（柔软剂）：0~10g/L

7.6.2　耐久防水整理

7.6.2.1　专业术语

DWR：durable water repellent 的英文简称，指耐久防水或者耐久防水防油；

WR：water repellent，防水性能；

80/20：水洗 20 次，防水 80 分；

HL：home laundry，家庭水洗；

BI：blocked isocyanate，封端异氰酸酯，一般作为耐久防水的交联剂；

TD：tumble dry，滚筒烘干；

LAD：laundry air dry，洗后晾干；

WPU：wetting pick up，带液率。

7.6.2.2　应用领域

运动、户外等高性能面料。常见面料有 PET/NY，如涤塔夫、尼丝纺、四面弹等。

7.6.2.3　性能要求

一般要求 80/20，即 HL20：防水 80 分，有些可能只要求 10 次水洗，部分会要求 30 次以上水洗，视品牌需求而定。

7.6.2.4　加工难点和技术关键点

（1）面料染色后充分净洗，去除固色剂、残留染料和阴离子表面活性剂等。

（2）防水加工前面料不能过柔软剂。

（3）保证布面 pH<7，并保持浴槽 pH 为 5~7，以保证最佳防水防油性能。

（4）针对某些高支高密织物，比较难润湿，需要添加防水专用渗透剂。

（5）DWR 加工，因为防水剂使用量比较大，会导致色变较大，需要事先实验室小样进行确认，有必要在调色时进行预调整。

（6）无氟的 DWR 加工特别要注意，因为使用量很大，会引起色变、滑移、手抓痕、染料耐摩擦色牢度下降等诸多问题，所以事先实验室论证很重要。

7.6.2.5 DWR 整理工艺举例

（1）推荐的 DWR 防水防油剂见表 7-6。

表 7-6 推荐的 DWR 防水防油剂

水洗次数	C6	无氟
HL5~10	上海福可 SG-6641 北京中纺 CTA-5605 日本大金 TG-5671	上海福可 X-2/301 Pro 北京中纺 CWR-8DC 亨斯迈 Zelan R3
HL10~20	上海福可 SG-6655A/6655B/6655S 北京中纺 CTA-5605 珠海华大 KG-6090N	上海福可 X-9 北京中纺 CWR-8DY 珠海华大 KW-9036 亨斯迈 Zelan R3
HL20~30	上海福可 SG-6657A/6657L	珠海华大 KW-9036

（2）配方和工艺举例。

【配方 1（C6）】常规 DWR

SG-6655A：40~60g/L

交联剂：10~15g/L（如上海福可 AX-101H，传化 TF-569G）

【配方 2（C6）】改善手感

SG-6655A：40~60g/L

交联剂：10~15g/L（如上海福可 AX-101H，传化 TF-569G）

柔软剂：15~25g/L（如上海福可 AX-205，传化 TF-4900）

渗透剂：2~3g/L（如上海福可 AX-203W，亨斯迈 Invadine PBN）

【配方 3（无氟）】常规 DWR

X-301Pro：60~80g/L

交联剂：10~15g/L（如上海福可 AX-101H，传化 TF-569G）

【配方 4（无氟）】改善手抓痕

ZelanR3：60~80g/L

Phobol RSH：30~40g/L

交联剂：10~15g/L（如 Phobol SFB）

【配方 5（无氟）】HL30 耐久防水

REPEX KW-9036：100g/L

HF-30C（珠海华大交联剂）：20g/L

HVS（珠海华大柔软剂）：20g/L

加工工艺：一浸一轧或二浸二轧

WPU：30%~80%（化纤），50%~70%（棉及混纺）

焙烘条件：（160~180℃）×（0.5~2min）（化纤），（150~160℃）×（2~3min）（棉及混纺）

7.6.3　涂层前预防水整理

7.6.3.1　背景需求

面料涂层加工是为了使织物获得良好的耐水压效果，涂层前都需要进行防水加工，防水加工可以防止面料在涂层时的渗胶，从而使胶水在织物表面更好地成膜，也可以使面料外层具有防泼水的性能。见图 7-11 防水涂层示意图。

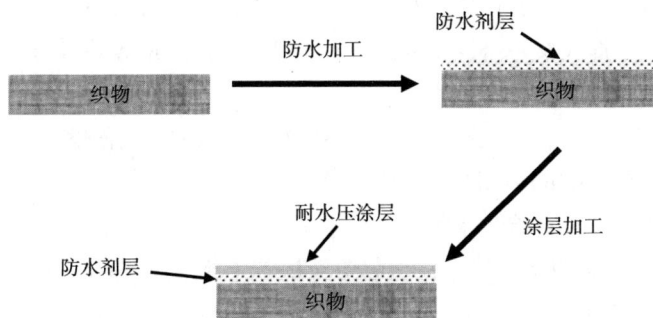

图 7-11　防水涂层示意图

7.6.3.2　性能要求

防水和涂层整理可以给面料带来更高的附加值，在面料整理后需要进行特定的性能测试，防水和涂层整理的面料常见的测试指标有防水、耐水压和剥离强度三项，一般要求如下：

（1）正面防水：90 分（喷淋法）。

（2）涂层面耐水压：1000~20000mm 水柱。

（3）剥离强度≥7N。

7.6.3.3　加工难点和技术关键点

加工过程中，面料需先进行防水整理，再做涂层整理，整理工艺流程是比较常规的，但对防水剂产品的性能要求却较常规防水加工要高，如果防水剂产品选择不当，会对后续的涂层加工带来很多质量问题。防水涂层加工常见的加工问题或难点如下：

（1）防水剂耐溶剂性能差，涂层过程中胶水易渗透（涂层加工多采用溶剂型涂层胶），影响耐水压效果，并且影响非涂层面外观和非涂层面防水效果。

（2）防水剂耐轧光效果差，轧光后防水性能下降较多。

（3）防水剂剥离强度差，涂层后，涂层胶容易从布面脱落，影响耐水压效果。

7.6.3.4　涂层前预整理工艺举例

【实例1】无氟涂层前防水加工

（1）配方。无氟防水剂：40～60g/L（如上海福可 X－302，珠海华大 KW－9036）；或加入交联剂：5～15g/L（如上海福可 AX－101H，传化 TF－569G）。

（2）加工工艺。一浸一轧，WPU 30%～80%，焙烘条件为（160～180℃）×（0.5～2min）（化纤）。

【实例2】C6 涂层前防水加工

（1）配方。C6 防水剂：10～20g/L（推荐上海福可 SG－6655A、珠海华大 KG－6090N）；或加入交联剂：5～15g/L（如上海福可 AX－101H，传化 TF－569G）。

（2）加工工艺。一浸一轧，WPU 30%～80%，焙烘条件为（160～180℃）×（0.5～2min）（化纤）。

7.6.4　洗后晾干防水整理

7.6.4.1　定义

普通氟系防水防油整理的纺织品洗涤后需要经过加热处理（熨烫或转筒烘燥）以重新恢复防水防油性。洗后晾干（laundry air dry，LAD）技术不需要如此，即使在室温下干燥或室外晾干也具有优良的防护性能。LAD 技术为产品水洗后不熨烫提供了新的可能性，这对户外运动服装至关重要。

7.6.4.2　原理和效果图

LAD 和传统整理方法比较效果图如图 7-12 所示。

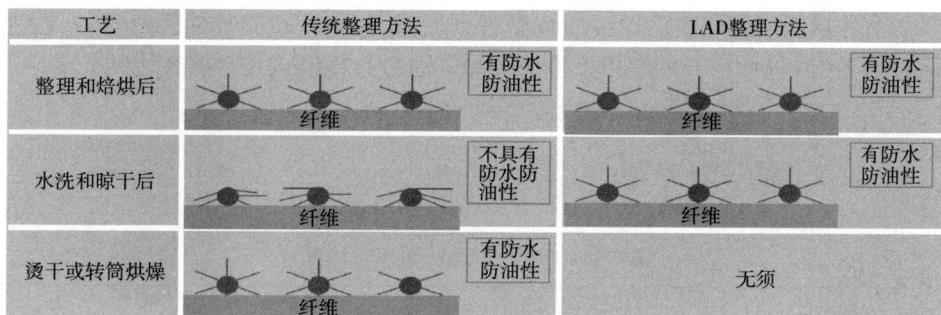

图 7-12　LAD 和传统整理方法比较效果图

7.6.4.3　性能要求

洗后晾干防水要求主要以 Decathlon 机织化纤面料为代表，要求按照 ISO 水洗 5 次后晾干，测试防水性能。GB/T 32614—2016 户外冲锋衣防水标准，要求水洗 3 次后悬挂晾干，测试防水性能。具体要求见表 7-7。

表 7-7　LAD 主要性能要求

Decathlon 内部标准		GB/T 32614—2016 户外冲锋衣		
			I 级	II 级
HL0（ISO）	4~5	HL0（GB）	4	4
HL5（ISO）	3	HL3（GB）	3	不考核

7.6.4.4　加工难点和技术关键点

（1）需要选择特殊的防水剂，并且筛选配套的交联剂才能够实现。目前主要还是以 C6 为主，无氟整理剂难度还是比较大。

（2）保证在工厂加工的面料 LAD 防水性能能够长期稳定，是一个系统工程。涉及以下因素。

①面料种类。好做和难做的布种差异很大，需进行配方的调整。

②面料的洁净程度。染色后充分净洗，去除固色剂、残留染料和阴离子表面活性剂等。

③染料种类。不同颜色会影响 LAD 防水性能，务必实验室事先验证。

④稳定的后整理工艺。风量、温度、时间等需要控制好，保证防水剂充分反应。

（3）目前无氟防水剂进行洗后晾干防水整理，所得产品性能特别优异的不多，可根据具体面料，使用以下推荐产品，通过打样确认是否能够达到要求。

7.6.4.5　LAD 整理工艺举例

（1）推荐的 LAD 防水防油剂见表 7-8。

表 7-8　推荐的 LAD 防水防油剂

水洗次数	C6	无氟
HL3~5	上海福可 SG-6655S/6656M 日本旭硝子 AG-E081	上海福可 X-9/X-301 Pro 亨斯迈 Zelan R3
HL5~10	上海福可 6657A 日本旭硝子 AG-E081	上海福可 X-9 珠海华大 KW-9036 亨斯迈 Zelan R3

（2）配方和工艺举例。

【实例 1】C6 防水防油剂 LAD 整理

①面料。尼龙（户外服装面料）。

②加工工艺。一浸一轧，WPU 约 40%，焙烘条件 170℃×45s。

③配方和结果（表 7-9）。

表 7-9　配方和结果

标准		国标	Decathlon 内部标准
SG-6656M		50g/L	80g/L
SG-203W（上海福可专用渗透剂）		2g/L	2g/L
AX-101B（上海福可专用交联剂）		20g/L	20g/L
防水	HL0	5	4~5
	HL5（GB）	3~3.5	
	HL5（ISO）		3

【实例 2】无氟防水防油剂 LAD 整理。

①配方。REPEX KW - 9036：80g/L ；HF - 30C（珠海华大交联剂）：10g/L。

②加工工艺。一浸一轧，WPU 30%～40%，焙烘条件 170℃×45s。

③测试标准。防水测试方法 AATCC 22，水洗方法 AATCC 135。

④结果（表 7-10）。

表 7-10　测试结果

面料	HL0	HL3	HL5
228T 灰色尼龙	95	75	70-
20D 灰色尼龙	90-	85+	85
15D 紫色尼龙	95	85+	85+
橘色（20DD TY）	100-	100-	95+
红色（20DF DY）	95	90-	85+
红色（190T）	90	85+	85+

7.6.5　拉毛抓绒织物耐久防水整理

7.6.5.1　定义

所谓拉毛抓绒（Fleece）面料，一般是指聚酯面料经过机械抓绒工艺使表面覆盖一层丰润的绒毛，从而提高面料的立体感、柔软度和保暖性。根据原料、特点和用途的不同，分为法兰绒、珊瑚绒、摇粒绒等。近年来户外时尚运动的风靡，拉毛抓绒面料成为流行服装和户外功能服装的主要原料之一。尤其是摇粒绒面料，已被广泛用于冲锋衣、登山服、潮牌外套等。而对包括摇粒绒在内的拉毛抓绒面料的防水加工也应运而生。

另外一种是全棉、棉涤（CVC）或者涤棉（TC）为材质的针织毛圈布，也叫卫衣布，DWR 超拨水的功能概念也非常流行。

7.6.5.2　性能要求

主要评价水洗以后的防水性能（防水测试方法：AATCC 22；水洗方法：AATCC 135，滚筒烘干），要求见表 7-11。

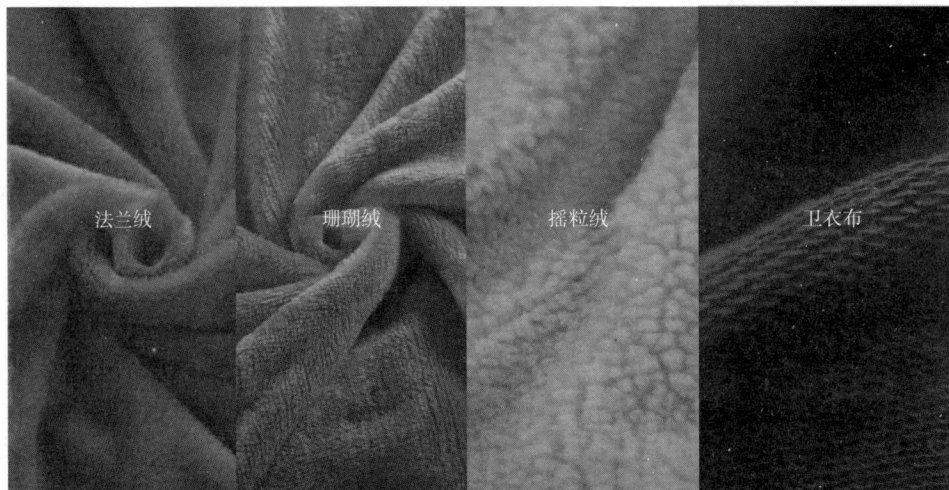

法兰绒　　　珊瑚绒　　　摇粒绒　　　卫衣布

表 7-11　Fleece 织物耐久防水性能要求

水洗次数	摇粒绒（光面或毛面）	卫衣布（光面）
HL0	90	90
HL5	80	
HL10	80	80
HL20		70~80

7.6.5.3　加工难点和技术关键点

与一般面料不同的是，Fleece 织物的 DWR 防水整理常常伴随着以下几个加工难点：

（1）Fleece 织物，前道工序会使用起毛剂、柔软剂等助剂，影响防水效果。

（2）毛尖的超细化导致防水剂很难吸附，更难固定。

（3）防水剂较难在纤维表面定向排列，导致防水差或者沾水。

（4）带液率低，较厚的面料及充盈着空气的绒毛层导致轧液不均匀。

7.6.5.4　Fleece 织物耐久防水整理工艺举例

以上海福可的 C6 防水防油剂为基础，介绍 Fleece 织物的 DWR 加工。

做好拉毛抓绒布 C6 防水整理的关键是解决面料的渗透性问题以及选择定

向排列好、助剂相容性好的 C6 防水剂。

上海福可推出 C6 多功能防水防油剂 SG-6655S 及防水专用渗透剂 AX-203W，用于 Fleece 织物的防水加工，防水等级可达 90~100 分，并具有耐洗效果。SG-6655S 采用先进的梯度复合技术（gradient compound technology，GCT），通过嫁接特效官能团，使短链 C6 具有更多向上的活性，更容易迁移到面料表面。含氟链段在超细的毛尖保持定向排列，从而赋予织物优秀的防水效果。而对于毛效较差、渗透较难的面料，渗透剂 AX-203W 可显著改善防水剂对面料的吸附和均匀渗透，而不影响防水剂本身的防水效果。

【实例 1】

①面料。印花摇粒绒（特点：亲水性差、WPU 低）。

②要求。5 次水洗 80 分。

③加工工艺。一浸一轧，WPU 70%，焙烘条件 170℃×2min。

④测试标准。防水测试方法 AATCC 22，水洗方法 AATCC 135。

⑤配方和结果（表 7-12）。

表 7-12　配方和结果

项目	牌号	1	2	3
C6 防水剂	SG-6655S	30g/L		
C6 防水剂	竞品 A（进口）		30g/L	
C6 防水剂	竞品 B（进口）			30g/L
交联剂	AX-101H	10g/L	10g/L	10g/L
渗透剂	AX-203W	2g/L	2g/L	2g/L
WR	HL0	100	90	90
	HL5	80	50	70

【实例 2】

①面料。不同类型的拉毛抓绒布 1#、2#、3#（起毛程度越来越重）。

②要求。初期防水（测毛面）效果 80~90 分。

③加工工艺。一浸一轧，WPU 70%，焙烘条件 170℃×2min。

④测试标准。防水测试方法 AATCC 22。

⑤配方和结果（表 7-13）。

表 7-13　配方和结果

项目	牌号	1	2	3
C6 防水剂	SG-6655S	50g/L		
C6 防水剂	竞品 A（进口）		50g/L	
C6 防水剂	竞品 B（进口）			50g/L
WR	Fleece 面料 1#	100	100	100
	Fleece 面料 2#	90	85	85
	Fleece 面料 3#	85	80	80

【实例 3】

①面料。针织卫衣面料（特点：织物厚重，组织结构疏松）。

②要求。20 次水洗后防水性能达 80 分（光面）。

③加工工艺。一浸一轧，WPU 70%，焙烘条件 170℃×2min。

④测试标准。防水测试方法 AATCC 22，水洗方法 AATCC 135。

⑤配方和结果（表 7-14）。

表 7-14　配方和结果

项目	牌号	1	2
C6 防水剂	SG-6655S	50g/L	80g/L
交联剂	AX-101H	12g/L	12g/L
渗透剂	AX-203W	2g/L	2g/L
WR	HL0	100	100
	HL5	70	80

7.6.6　防暴雨整理

7.6.6.1　邦迪斯门（Bundesmann）整理

邦迪斯门测试是对防水整理后的织物进行模拟阵雨雨淋的测试方法，是通过人造淋雨器对面料进行测试，测试时可以设置不同的淋雨时间，测试后需要对面料的拒水性、吸水率和透水量进行评价（图 7-13），对防水整理有很高的要求。通过邦迪斯门测试的面料可大大提升面料的附加值，可用于制作高档户外服装。

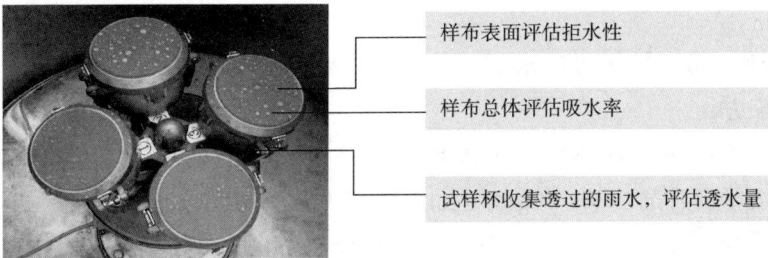

样布表面评估拒水性

样布总体评估吸水率

试样杯收集透过的雨水，评估透水量

图 7-13　邦迪斯门（Bundesmann）测试示意图

7.6.6.2　性能要求

邦迪斯门整理作为一个严格的防水性能测试标准，目前还没有比较统一的性能要求，一般根据客户的自定标准进行测试，主要是根据织物的用途选择不同的测试时间，一般要求雨淋测试时间为 2min、5min 和 10min，测试以后的大致性能要求如下：

（1）拒水性：4~5 级。

（2）吸水率：<5%。

（3）透水量：0g。

7.6.6.3　加工难点和技术关键点

邦迪斯门测试前，面料只进行防水整理，没有涂层和复合整理，所以一般防水配方整理不能满足邦迪斯门测试要求，常见的问题有：

（1）拒水性不达标，因为邦迪斯门测试雨水淋下的高度为 1.5m，所以对面料防水性能的耐冲击性能要求高。

（2）透水量较大，需要提高面料的耐水压性能。

（3）吸水率不达标，需要面料充分水洗，去除织物表面的亲水性杂质和表面活性剂。

7.6.6.4　邦迪斯门整理工艺举例

【实例 1】C6 防水剂。

①配方。

C6 防水剂：30~50g/L（如上海福 SG-6655A，北京中纺 CTA-5620B）

耐水压提升剂：30~40g/L（如上海福可 AX-202B）

交联剂：10g/L（如上海福可 AX-101Z）

②加工工艺。一浸一轧，WPU 30%～60%，焙烘条件（150～170℃）×（1～2min）。

【应用实例2】无氟防水剂。

①配方。

无氟防水剂：40～50g/L（如上海福 X-301 Pro，北京中纺 CWR-8DY）

耐水压提升剂：30～40g/L（如上海福可 AX-202B）

交联剂：10g/L（如上海福可 AX-101Z）

②加工工艺。一浸一轧，WPU 30%～60%，焙烘条件（150～170℃）×（1～2min）。

7.6.7 防雨淋整理

7.6.7.1 概述

防雨淋测试整理是用于雨衣面料的测试，该类雨衣面料只进行防水整理，不做任何涂层整理，保证了良好的透气性，在无雨情况下穿着舒适，下雨的时候又能保护身体和内层衣物不被淋湿，避免受潮受凉而生病。雨衣面料进行测试时，参考测试标准 AATCC 35（图7-14），使用雨淋测试仪，测试雨水对面料的穿透量。

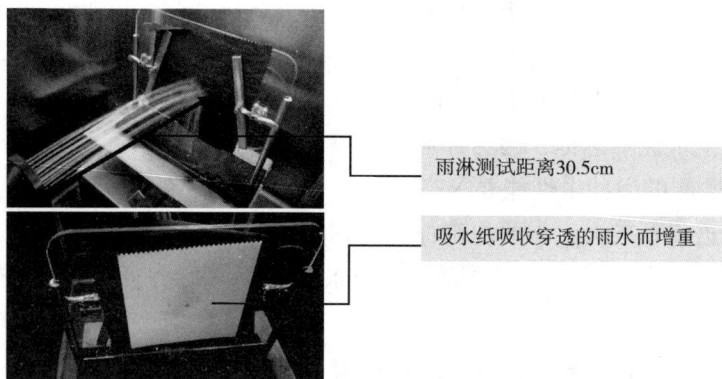

雨淋测试距离30.5cm

吸水纸吸收穿透的雨水而增重

图7-14 防雨淋（AATCC 35）测试示意图

7.6.7.2 性能要求

防雨淋整理测试可以调整不同的水柱（水压），对织物进行测试，水柱量可由 600mm（24 英寸）以 300mm（12 英寸）的增量调至 2400mm（96 英寸），防雨淋整理一般测试要求，雨淋水压 600mm 水柱，雨淋时间 2min 或 5min，测试后吸水纸增重<1g。

7.6.7.3　加工难点和技术关键点

防雨淋测试整理，对加工后的防水性能和耐水压性能都有一定要求。在加工过程中，常遇到的问题是测试过程中面料自身没有沾湿，但是雨水透过量却很大，导致性能不合格，因此加工整理时除了使用防水剂，还需添加耐水压提升剂，改善耐水压性能。

7.6.7.4　配方和工艺举例

【实例 1】C6 防水剂。

①配方。

C6 防水剂：10~30g/L（如上海福可 SG-6657A，北京中纺 CTA-5620B）

耐水压提升剂：10~20g/L（如上海福可 AX-202F）

②加工工艺。一浸一轧，WPU 30%~60%，焙烘条件（150~170℃）×（1~2min）。

【实例 2】无氟防水剂。

①配方。

无氟防水剂：20~40g/L（如上海福 X-9，北京中纺 CWR-8DY）

耐水压提升剂：10~20g/L（如上海福可 AX-202F）

②加工工艺。一浸一轧，WPU 30%~60%，焙烘条件（150~170℃）×（1~2min）。

7.6.8　抗水冲击整理

7.6.8.1　概述

抗水冲击整理是医用防护服面料常用的测试方法（图 7-15）。医用防护服是用于保护医护人员卫生安全的服装，其使用的面料需要有很好的抗冲击渗透性能，防止医疗污染物穿透防护服，避免对医护人员的卫生安全造成威胁。

7.6.8.2　测试要求

抗水冲击整理测试，使用喷淋方法，测试材料可以是用于制作防护服的

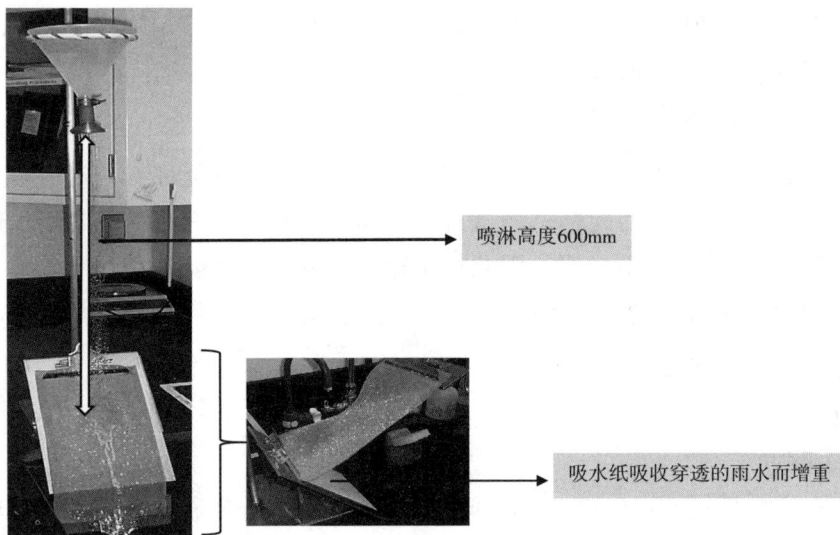

喷淋高度600mm

吸水纸吸收穿透的雨水而增重

图 7-15　抗水冲击（AATCC 42）测试示意图

面料或者非织造布，喷淋高度 600mm，喷淋水量 500mL，一般要求吸水纸增重<1g 或<5g。

7.6.8.3　加工难点和技术关键点

抗水冲击整理的面料测试的方法与防雨淋测试类似，两种测试的区别在于，一些抗冲击整理的防护服需要重复使用，进而需要进行水洗，所以对功能的耐洗性能要求较高，一般要求耐洗 20～30 次，所以在加工配方里既要关注耐水压性能，又要关注耐洗性能。

7.6.8.4　配方和工艺举例

（1）配方。

C6 防水防油剂：30～50g/L（如上海福可 SG-6657A，北京中纺 CTA-568FH）

耐水压提升剂：10～20g/L（如上海福可 AX-202B）

交联剂：10～15g/L（如上海福可 AX-101Z）

（2）加工工艺。一浸一轧，WPU 30%～60%，焙烘条件（150～170℃）×（1～2min）。

7.6.9　防热水/热饮整理

7.6.9.1　背景需求

目前市场上大部分防水剂能满足喷淋式防水、耐水压及防雨性能等多种测试。这些标准多采用室温水进行测试。

生活中很多国人都有喝热水的习惯，而一杯热咖啡或热奶茶常常是很多人（尤其是上班族）活力一天的开始，更是小资生活不可或缺之物。当我们由于疏忽，将热水或热咖啡溅洒到衣物上或者沙发面料上时，不仅影响了美观和舒适度，而且热咖啡的污渍更会成为清洗中的一大难题。

根据使用场景出发，实现纺织品的防热水（热饮）整理非常有实际意义。防热水（热饮）的功能也能提高防护服、户外工装等的应用价值。

7.6.9.2　性能要求

测试液体：热水（近 100℃）及热咖啡（约 85℃）；

性能：评价兜水效果（荷叶效果）或者表面沾湿性（AATCC 22）。

兜水效果如图 7-16 所示。

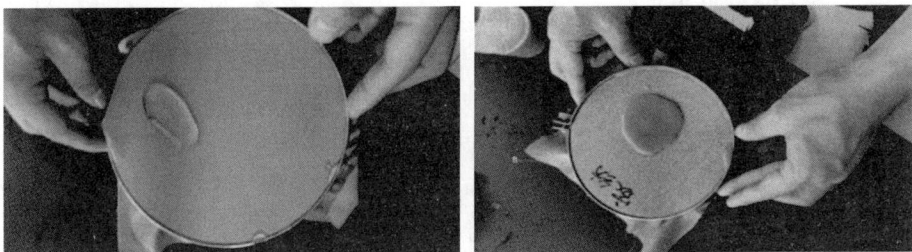

(a) 100℃热水　　　　　　　　　(b) 85℃咖啡

图 7-16　防热水/热饮兜水效果图

7.6.9.3　加工难点和技术关键点

当液体的表面张力低于织物的表面张力时，液体会对织物润湿。液体的表面张力越低则越易对织物进行润湿渗透。有研究表明，水的表面张力与温度呈线性降低的关系，如图 7-17 所示。也就是说，热水比室温水更容易润湿渗透织物。

因此，常规防水防油剂不适合防热水加工，需要对聚合物的结构和功能

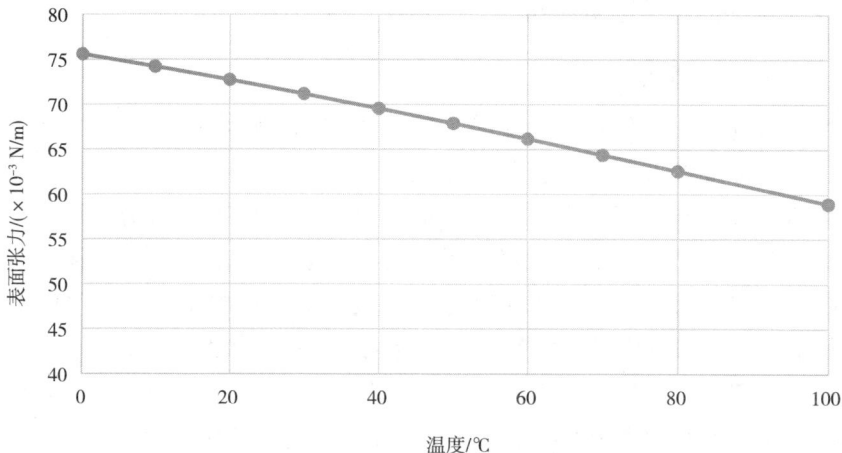

图 7-17　水的表面张力与温度的关系

进行重新设计。

7.6.9.4　配方和工艺举例

【实例 1】春亚纺面料

SG-6651C（上海福可 C6）：20~30g/L

AX-101Z（上海福可交联剂）：5~8g/L

【实例 2】家纺面料

SG-6655S（上海福可 C6）：30~50g/L

AX-101Z（上海福可交联剂）：10~15g/L

加工工艺：一浸一轧或者二浸二轧，WPU 50%~80%，焙烘条件（160~180℃）×（0.5~2min）（化纤）。

7.6.10　低温定型防水防油加工

7.6.10.1　低温防水防油加工的必要性

大分子含氟防水防油剂通常需要高温焙烘交联成膜，才能达到良好的防水防油性。但在有些情况下，需要进行低温加工，如图 7-18 所示。

（1）白色或者荧光增白面料高温加工会引起黄变。

（2）有些纤维因为自身不耐高温，需要低温加工，如 PP、羊毛等。

（3）高温会导致色牢度及纤维强力的下降。

（4）某些设备达不到高温要求，如拉链的滚筒烘干温度为 120~130℃。

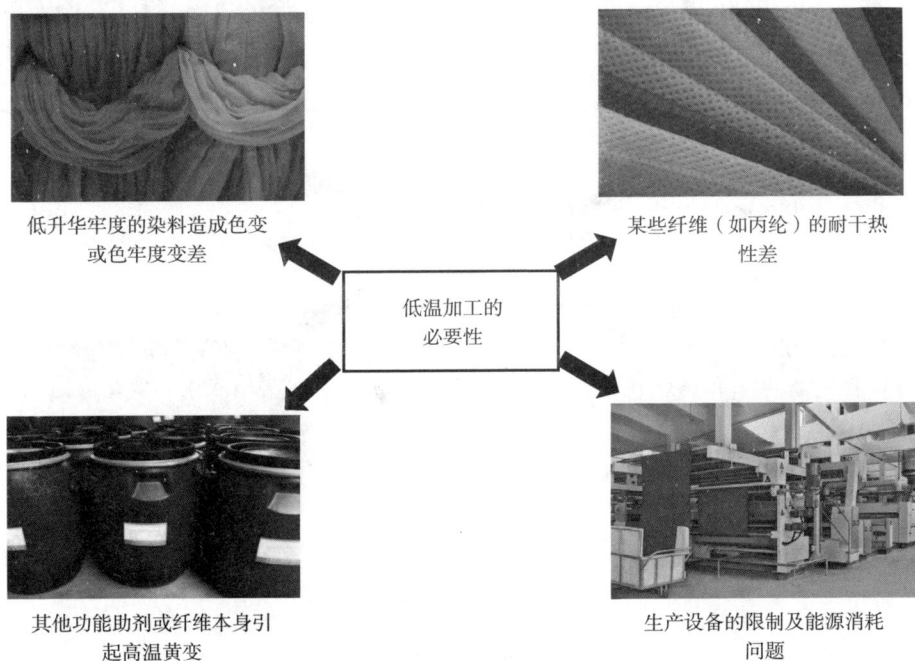

低升华牢度的染料造成色变
或色牢度变差

某些纤维（如丙纶）的耐干热
性差

低温加工的
必要性

其他功能助剂或纤维本身引
起高温黄变

生产设备的限制及能源消耗
问题

图 7-18　低温防水防油加工的必要性

7.6.10.2　性能要求

加工焙烘温度为 110~130℃，呈现优异的防水防油性或者耐久性。

7.6.10.3　加工难点和技术关键点

采用低温加工实现面料的防水整理，不仅能够适应不同设备、工艺和基材等的作业环境，更能降低加工成本，减少生产损耗。然而，要在低温条件下取得理想的防水效果也非易事，特别是短链的 C6 防水防油剂，加工难点如图 7-19 所示。

7.6.10.4　配方和工艺举例

以上海福可的 C6 防水防油剂 SG-6654 为基础，介绍低温防水防油加工工艺。SG-6654 是上海福可经过智能的分子设计，通过在聚合物主链上嫁接特殊的官能团开发出来的低温型 C6 防水防油剂，SG-6654 可在低温条件下赋予

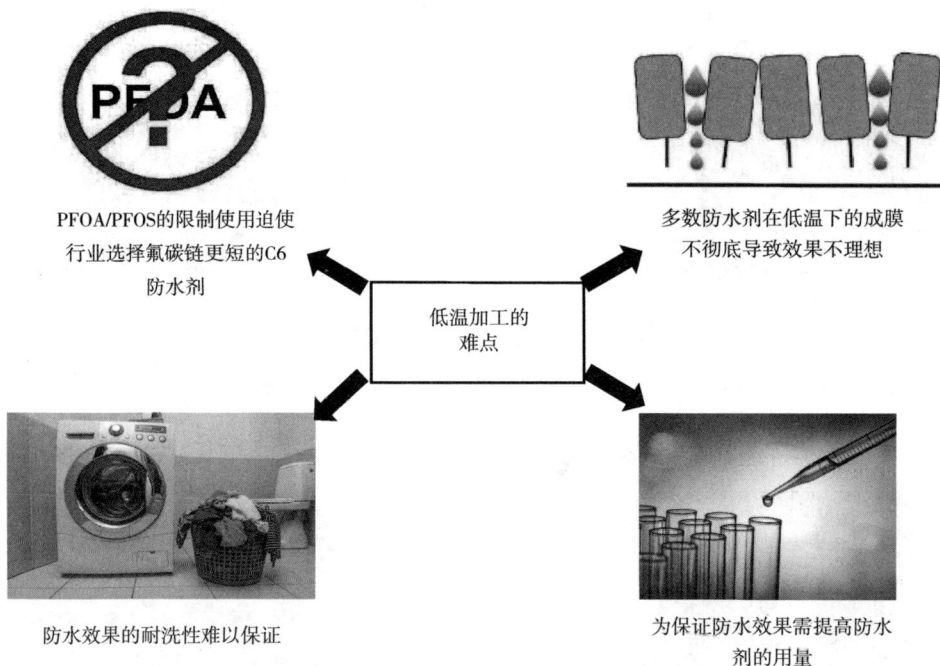

PFOA/PFOS的限制使用迫使行业选择氟碳链更短的C6防水剂

多数防水剂在低温下的成膜不彻底导致效果不理想

低温加工的难点

防水效果的耐洗性难以保证

为保证防水效果需提高防水剂的用量

图 7-19 低温防水防油加工难点

不同面料优秀的防水效果和耐洗性，适用于各种低温工艺和低耐热性纤维。SG-6654 的特点如下：

①焙烘温度可低至 110~130℃ 。

②面料通用性佳，适用于化纤、聚丙烯（PP）、棉等纤维。

③低温加工后耐水洗性能优异（DWR）。

【实例】

①面料。春亚纺、涤塔夫 190T、尼龙 380T、纯棉机织物、丙纶机织物（克重 200g/m² ）。

②测试性能。面料通用性、低浓度、DWR。

③加工工艺。一浸一轧，WPU 30%~80%，焙烘条件 130℃×（1~2min）。

④配方。低浓度：防水剂 20g/L；DWR：防水剂 40g/L+交联剂 10g/L。

⑤结果（图 7-20、图 7-21）。

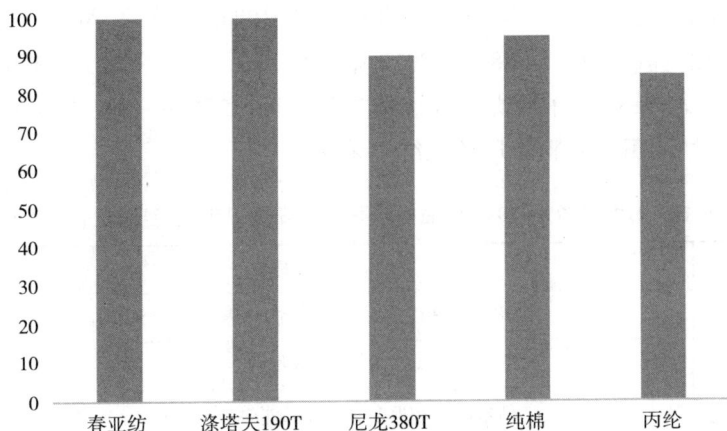

图 7-20　SG-6654 在不同面料上的低浓度防水效果

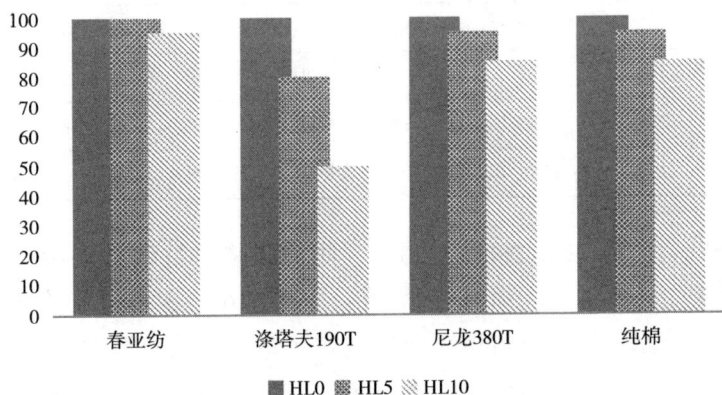

图 7-21　SG-6654 在不同面料上的耐洗性

7.6.11　油田服"三防"整理

7.6.11.1　背景

油田服的防水防油开发可追溯到 20 世纪 70 年代。当时以改善油田井下作业工人劳动保护条件为课题，研制大庆油田井下作业透气、防油、防水劳动保护服，经过相关单位三年多努力，开发成功。

7.6.11.2　性能要求

（1）油田服行业最开始一直使用的是 GB 12799—1991《抗油拒水防护服

安全卫生性能要求》（表7-15）。抗油测试采用的是评分法，这是老的3M评价法。在新的标准 GB/T 28895—2012 中，使用了评级的方法（GB/T 19977等同于 AATCC 118），并且要求抗油≥7级。GB 12799—1991 虽然已经废止，但至今地方性油田服面料工厂还在继续采用。

表 7-15 GB 12799—1991 抗油拒水防护服安全卫生性能要求（已废止）

测定项目	指标要求
抗油	≥130分，并能抗机油、柴油倾覆渗漏
防水	=5级
洗涤30次	剩余抗油≥80分，剩余防水≥1级，背面无渗水
织物牢度	经纬断裂功之和：夏季≥2450N·cm；冬季≥3430N·cm
透气性	夏季：≥6×10⁻²m³/（m²·s）；冬季：≥2.3×10⁻²m³/（m²·s）
透湿性	夏季：≥4000g/（m²·d）；冬季：≥2300g/（m²·d）
硬挺度	在−18℃时，≤7.5cm
接触卫生	整理剂直接贴敷人体皮肤，24h，无任何红斑、水肿
	整理剂小鼠及豚鼠经口急毒试验，半数致死量≥10000mg/kg体重

（2）新的标准 GB/T 28895—2012《防护服装 抗油易去污防静电防护服》，没有规定防水性，增加了易去污性（表7-16）。从技术角度来分析，三防+易去污，防水等级不可能做得很好（常规最高可能只有80分，而且会随着面料颜色和材质不同而波动）。总体来说，新标准在防水防油易去污性能方面还是有值得探讨和修改的地方，所以应用不是很广泛。

表 7-16 GB/T 28895—2012 性能指标

项目	性能指标
抗油性能/级	洗涤前：≥7级；经30次洗涤后：≥5级
易去污性/N	经30次洗涤后，深色：≥3~4，浅色：≥3
断裂强力/N	≥450
撕破强力/N	≥25
透湿量/[g/（m²·d）]	≥6000
透气率/（mm/s）	冬服：≤40；夏服：≥80

项目	性能指标
水洗尺寸变化率/%	+2.5~-2.5（经、纬向）
耐皂洗色牢度/级	≥450
耐汗渍色牢度/级	夏服：≥3~4
耐干摩擦色牢度/级	≥3~4

7.6.11.3 加工难点和技术关键点

（1）耐水洗 30 次，对防水防油剂提出了很高的要求。

（2）加工时需要和固色剂同浴，常规固色剂对防水防油性影响很大。

（3）防油要求 7 级以上，目前 C6 防水防油剂基本达不到要求，主要还是以 C8 防水防油剂为主。

7.6.11.4 配方和工艺举例

（1）配方（固色剂+防水防油剂同浴加工）。

C8 防水防油剂：60~70g/L（如北京中纺 FK-559H，上海福可 SG-588）

交联剂：15~20g/L（上海福可 AX-101H）

配套固色剂：30~40g/L（如上海福可 EXT）

（2）加工工艺。一浸一轧，WPU 约 70%，焙烘条件 160℃×2min。

（3）结果（表 7-17）。

表 7-17 测试结果   单位：级

项目	防水	防油
HL0	5	7
HL30	3	5

7.6.12 纯棉或涤/棉工装耐工业水洗"三防"整理

7.6.12.1 背景

国外有些纯棉或涤/棉工装，具有防水防油防污功能。穿着后需要定期洗涤，一般是集中送到外部洗衣店进行工业水洗。工业水洗的强度（温度、洗涤剂等）远远大于家庭洗涤，因此对防水防油整理剂提出了新的要求。

7.6.12.2 性能要求

工装的耐工业水洗"三防"加工性能要求见表7-18。

表7-18 工装的耐工业水洗"三防"加工性能要求

工业水洗	AATCC 22	AATCC 118
HL0	100	5
HL5	80	3~4

7.6.12.3 加工难点和技术关键点

（1）硬挺剂等并用导致防水防油性能下降。

（2）要耐60℃工业水洗，同时耐含氯洗涤剂。

7.6.12.4 配方举例

（1）配方。

C6耐工业水洗"三防"整理剂：40~50g/L（推荐北京中纺CTA-566，上海福可SG-6657AX）

交联剂BI：10~15g/L（推荐上海福可AX-101Z）

配套硬挺剂：40~50g/L（推荐上海福可AX-211）

抗滑移剂：10~15g/L（推荐上海福可AX-210）

（2）加工工艺。

一浸一轧，WPU约70%，焙烘条件160℃×2min

7.6.13 芳纶织物"三防"整理

7.6.13.1 背景

芳纶全称为芳香族聚酰胺纤维，是一种高性能合成纤维。由于其具有多种独特的优异性能，广泛应用于军事领域。科技的迅猛发展正为芳纶开辟更多新的民用空间。对芳纶进行防水防油整理，可提高其服用性能，扩展其应用领域，更加适应于加油站、厨房、油田等多油多水的工作环境。

7.6.13.2 加工难点和技术关键点

芳纶的高聚物大分子中连接酰胺基的是芳香基，分子链柔性小、刚性强，加大了其防水防油后整理难度。C8"三防"整理剂处理芳纶面料工艺相对成熟。C6 整理剂因为性能问题，处理芳纶面料有一定难度，需要开发新的聚合物。

7.6.13.3　配方和工艺举例

（1）面料。灰色芳纶机织布（克重 180g/m²）。

（2）加工工艺。一浸一轧，WPU 约 60%，焙烘条件 170℃×60s。

（3）测试标准。AATCC 22（防水）、AATCC 118（防油）。

（4）配方和结果（表 7-19）。

表 7-19　配方和结果

项目		洗后烘干效果	洗后晾干效果
SG-6657A（上海福可三防整理剂）/（g/L）		60	60
AX-101B（上海福可交联剂）/（g/L）		15	15
WR	HL0	100	100
	HL5	95	80
	HL10	90	80
OR	HL0	6	5
	HL5	6	5
	HL10	6	5

7.6.14　羊毛织物"三防"整理

7.6.14.1　羊毛"三防"整理介绍

羊毛是天然蛋白质纤维，有很好的保暖性，其织物常用于高档服装加工，而且洗护要求比较高，羊毛织物"三防"整理可以使羊毛服装获得防水和防污的防护性能，从而使衣服不易被水性和油性污渍沾污，降低羊毛服装的洗涤次数，从而保护服装。

7.6.14.2　性能要求

羊毛服装在日常护理时，一般进行干洗洗涤，所以在进行"三防"整理后，"三防"功能要有耐干洗的效果，一般要求如下：

（1）初始防水 90 分，防油 4~5 级。

（2）干洗 3 次或 5 次后，防水 70～80 分，防油 3～4 级。

7.6.14.3 加工难点和技术关键点

羊毛是天然蛋白质纤维，对温度比较敏感，经受高温后容易使纤维损伤破坏，所以加工过程中不宜进行高温定型，一般定型温度在 130～150℃，所以对防水防油剂的低温性能要求比较高。另外，羊毛表面有鳞片层，是疏水纤维，加工时需要添加渗透剂，提高带液率。

7.6.14.4 配方和工艺举例

（1）配方。

C6 防水防油剂：20～60g/L（如上海福可 SG-6657A）

交联剂 BI：5～10g/L（如上海福可 AX-101G）

专用渗透剂：2～4g/L（如上海福可 AX-203W）

（2）加工工艺。

一浸一轧，WPU 约 50%～90%，焙烘条件（130～150℃）×（4～6min）

7.6.15 单防单吸/汗渍隐形整理

7.6.15.1 定义

在同一块面料的内层单独做亲水整理，外层做防水处理，以达到单防单吸的效果。单防单吸加工还可以达到汗渍隐形的效果，皮肤出汗湿透衣服，外层无明显汗印，避免尴尬。主要适用于 T 恤、衬衫、其他机织或针织功能服。

7.6.15.2 原理图和效果图

单面防水单面亲水的效果图和示意图如图 7-22 所示。

7.6.15.3 性能要求和主要功能

（1）主要特征。

内层（皮肤层）：吸湿、排汗、透气。

外层（表面层）：防水、防油、防污。

（2）主要功能。

舒适性：面料里层吸湿排汗、亲水舒适。

防护性：面料外层防水防油，易于打理。

功能性：面料外层汗渍隐形。

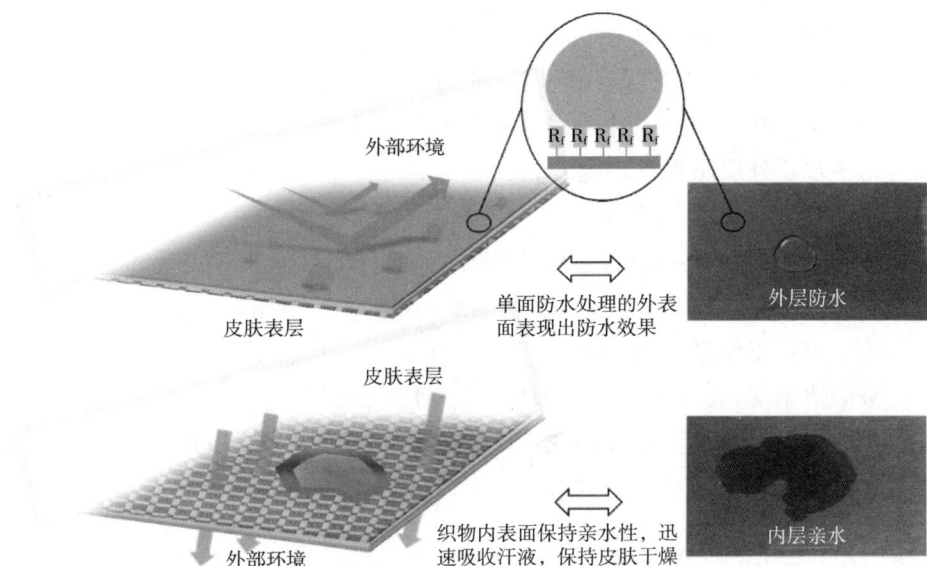

图 7-22　单面防水单面亲水的效果图和示意图

（3）主要性能和测试。单防单吸功能目前没有标准的测试方法，表 7-20 中单防单吸测试方法和性能要求仅供参考。

表 7-20　单防单吸测试方法和性能要求

项目	内层（亲水面）		外层（防水面）		
	AATCC 195	AATCC 79	AATCC 193	AATCC 22	AATCC 118
	最大润湿半径/mm	扩散速度/（mm/s）	吸水性/s	抗水/乙醇	沾水	防油
HL0	≥5	≥0.5	≤3	5~6	80~90	4~5
HL10	≥5	≥0.5	≤3	4~5	70	3~4

（4）配方和工艺举例。

①加工注意事项。

a. 布料染整中不使用含硅的柔软剂（影响防水效果）。

b. 布料本身应具有良好的吸湿性。

c. 100% PET 深色系部分用质量较高的染料进行染色（加工中高温会对色

牢度产生一定影响）。

　　d. pH 5~7，最好 6 以下。

　　②加工方法。涂层、泡沫涂层、圆网印花（连续式）。

　　③举例。圆网印花（连续式）配方和工艺参考。

　　第一步：外层防水整理配方。

　　增稠剂 PTF：20~25g/L；

　　防水防油剂：30~40g/L（如上海福可 SG-6657A）；

　　交联剂：5~10g/L（如上海福可 AX-101Z）。

　　第二步：正面亲水整理配方。

　　吸湿快干剂：25~30g/L（如珠海华大 HS-288）。

　　工艺：反面防水整理（印花）→定型→水洗→轧烘（170℃，75s）→正面亲水整理→轧烘（170℃，75s）。

7.6.16　单向导湿整理

7.6.16.1　定义

　　通过对织物内层做特殊的防水处理，使部分区域具有防水效果，其他区域仍具有优异的吸湿性能。湿气或汗液可通过未经防水处理、完全吸湿的"通道"快速迁移至外层，进而蒸发，起到单向导湿的作用，主要应用于 T 恤、衬衫、其他机织或者针织功能服装。

7.6.16.2　原理

　　单向导湿原理图如图 7-23 所示。

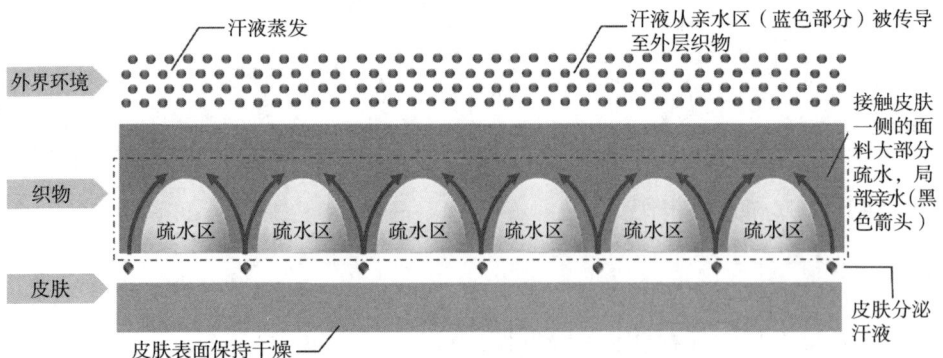

图 7-23　单向导湿原理图

7.6.16.3 性能要求和主要功能

（1）主要特征。水分从面料内层不可逆地快速导向外层。内层（皮肤层）：单向导湿、导汗；外层（表面层）：亲水。

（2）主要功能。

快速导汗性：汗水迅速吸收单向往外传导，皮肤面干爽不湿黏。

单向导湿性：面料里层始终干爽。

单向防护性：面料外层遇水于表面散开，防止水分进入里层影响干燥性。

（3）主要性能。单向导湿功能目前没有标准的测试方法，表7-21中单向导湿测试方法和性能要求仅做参考。

表7-21 单向导湿测试方法和性能要求

项目	内层	外层	
	AATCC 79	AATCC 195	
	吸水性/s	最大润湿半径/mm	扩散速度/（mm/s）
HL0	≤5	≥5	≥0.5
HL10	≤5	≥5	≥0.5

7.6.16.4 配方和工艺举例

（1）加工注意事项。

①布料染整中不使用含silicone的柔软剂（影响防水效果）。

②布料本身应具有良好的吸湿性。

③100%PET深色系部分用质量较高的染料进行染色（加工中高温会对色牢度产生一定影响）。

④pH：5~7，最好6以下。

（2）加工方法。纱线处理（通过亲水纱和疏水纱特殊的织造工艺）；泡沫整理；圆网印花（非连续式）。

（3）举例。配方和工艺同单亲单防，主要区别是：单向导湿通过非连续式圆网印花来实现，印花花型如图7-24所示，仅供参考。

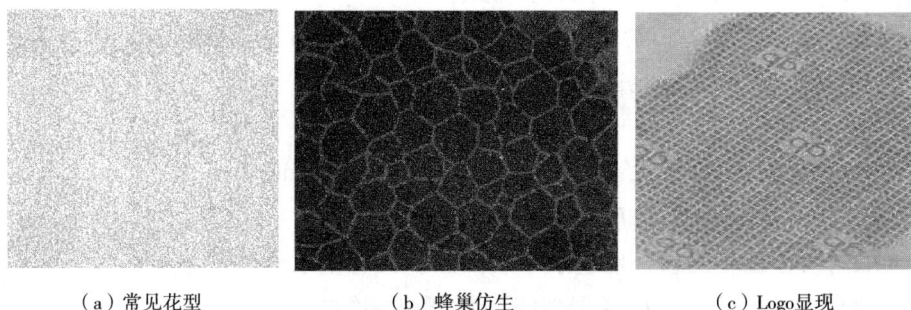

（a）常见花型   （b）蜂巢仿生   （c）Logo显现

图7-24　单向导湿花花型图

7.6.17　含氟易去污整理

7.6.17.1　易去污剂类型和特点

易去污剂类型、特点及主要推荐产品见表7-22。

表7-22　易去污剂类型、特点及主要推荐产品

类型	易去污性	防水性	防油性	亲水性	推荐产品
易去污剂	非常优异	一般	一般	无	SG-8011（上海福可），TG-9011（大金）AG-E100（旭硝子）
三防易去污	优异	良好	良好	无	SG-8012（上海福可），TG-9031（大金）Nuva N 4547（昂高）
亲水易去污	优异	无	一般	优异	SG-8033（上海福可），TG-9131（大金）Nuva N 4118（昂高）

7.6.17.2　配方和工艺举例

【实例1】免烫+易去污整理。

（1）面料。纯棉机织布。

（2）加工方法。一浸一轧，WPU 65%，焙烘条件160℃×3min。

（3）配方和结果（表7-23）。

表 7-23　配方和结果

项目		配方 1	配方 2
TG-9011（大金 SR 剂）		70g/L	
SG-8011（上海福可 SR 剂）			70g/L
AX-101H（上海福可交联剂）		20g/L	20g/L
免烫树脂		80g/L	80g/L
催化剂		24g/L	24g/L
柔软剂		20g/L	20g/L
SR（AATCC 130）	HL0	4.5	4.5
	HL20	3.5	3.5

【实例 2】 三防 + 易去污。

（1）面料。T/C 机织布。

（2）加工方法。一浸一轧，WPU 65%，焙烘条件 170℃×1min。

（3）配方和结果（表 7-24）。

表 7-24　配方和结果

项目		配方 1	配方 2
SG-8012（上海福可 SR 剂）		60g/L	60g/L
SG-6655S（上海福可三防剂）			15g/L
AX-101B（上海福可交联剂）		15g/L	15g/L
IPA（AATCC 193）	HL0	5	6
	HL5	5	6
	HL10	5	5
WR（AATCC 22）	HL0	70	90-
	HL5	70	70
	HL10	70-	70
OR（AATCC 118）	HL0	5.5	6
	HL5	5.5	6
	HL10	5.5	5.5

续表

项目		配方 1	配方 2
SR（AATCC130）	HL0	4	3.5
	HL5	3.5	3
	HL10	3.5	3

　　注　复配"三防"整理剂，可以提升 IPA 和初期防水防油性，但会影响易去污性能，所以需要试验筛选合适的"三防"整理剂。

7.6.18　油性笔易擦除整理

7.6.18.1　背景

　　油性笔沾污及如何去除油性笔痕等问题，时常发生在日常生活和工作中。例如，沙发是绝大多数家庭、办公室的必需品，除了沙发垫类制品、沙发套等能拆卸部分可以进行洗涤去污外，不能拆卸的部分一般采用擦洗法去污。依据纤维种类、面料组织等，易擦除效果会有差异。

7.6.18.2　类型及解决方案

　　按照客户要求可分为亲水型易擦除和防水型易擦除。

　　（1）易擦除（亲水型）。

　　①特点。

　　a. 广泛应用于家用纺织品、室内装饰品以及不常清洗的窗帘等面料。

　　b. 优异的亲水+易擦除效果，不影响织物透气性。

　　②配方和工艺举例。

　　a. 加工工艺。一浸一轧，WPU 为 60%～75%，烘焙条件（150～170℃）×（1～2min）。

　　b. 配方。亲水易擦除整理剂 30～60g/L（如上海福可 SG-8016）。

　　c. 效果图（图 7-25）。

　　（2）易擦除（防水型）。

　　①特点。

　　a. 对墙布、汽车内饰等不易清洗的织物提供有效的去污解决方案。

　　b. 优异的防水防油污+易擦除效果，不影响织物透气效性。

　　②配方和工艺举例。

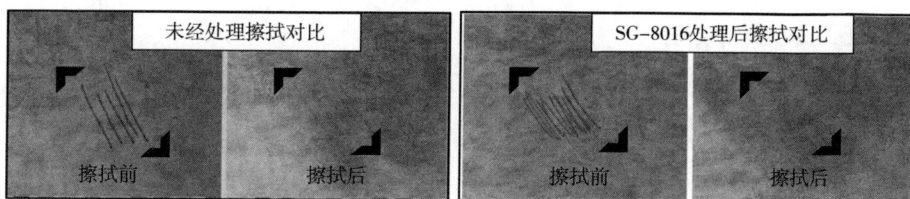

图 7-25　擦拭效果图（亲水型）

方案一：

a. 配方。SG-8016（30~60g/L）+SG-6655S（50g/L）（上海福可产品）。

b. 加工工艺。一浸一轧，WPU 60%~75%，烘焙条件（150~170℃）×（1~2min）。

方案二：

a. 加工工艺。一浸一轧，WPU 60%~75%，烘焙条件（150~170℃）×（1~2min）。

b. 配方。SG-8011 为 40~60g/L（上海福可产品）。

c. 效果（图 7-26）。

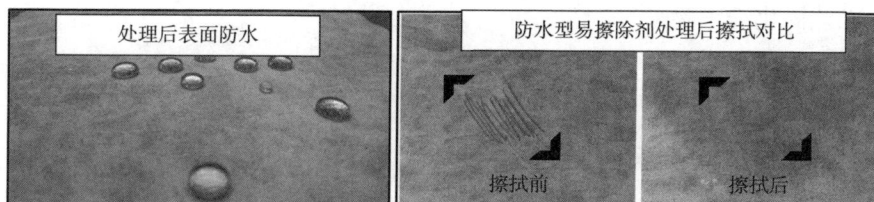

图 7-26　擦拭效果图（防水型）

易擦除性没有标准的测试方法，一般模拟家庭实际情况，使用清水润湿的棉布等，来回进行擦拭。

7.6.19　防水剂剥除

7.6.19.1　背景

当防水防油性能不达标或者出现严重防水斑的时候，需要剥除防水剂，进行回修。

7.6.19.2 原理

通过在高温下用碱（NaOH）洗涤，长烷基链在聚合物中水解成全氟醇基团。烷基醇被表面活性剂乳化，以避免再沉积。剩余的聚丙烯酸易溶解，可轻易消除。

7.6.19.3 推荐产品

浙江传化 TF-560，珠海华大 Repex H，上海福可 AX-210。

7.6.19.4 配方及工艺

（1）化纤织物。

剥除剂：2~4g/L；

NaOH（95%浓度）：1~2g/L；

95℃×（40~60min）（浴比1：20）→溢流清洗→皂洗（60℃×30min）→清水洗→回染。

（2）纯棉及其混纺织物。

剥除剂：6~8g/L；

NaOH（95%浓度）：4~8g/L；

工艺同化纤织物。

7.6.20 防水加工泡沫改善

7.6.20.1 加工难点

（1）液槽中泡沫过多，和染料及其他杂质混合，易产生防水斑。

（2）一般的消泡剂会影响防水效果。

7.6.20.2 解决方案

添加防水防油加工专用消泡剂。如上海福可 AX-207，添加量0.05%~0.1%（对防水剂重量比）。

第8章

防水防油检测方法

　　防水防油剂作为高附加值的功能整理助剂，在处理面料后，需要进行一系列的性能测试来体现功能整理的效果，不同的性能要求都有相应的测试标准，不同的服装应用也有相应的检测标准及性能要求。通常测试标准有国家标准、欧洲标准、美国标准和日本标准。通过进行标准的测试，不仅能评价纺织品整理后的功能效果，还能评价不同产品的性价比，同时也可以用于产品开发过程中的性能评估。

　　另外，防水防油剂是化学产品，在纺织品上应用时，也需要对其环保性和安全性能进行测试，防水防油剂产品主要是对 PFOA 和 PFOS 两种有害物质的含量进行测试。

　　在经过防水防油加工整理后，都会进行相关的性能效果检测，在不同的地区对每种性能都会制定相关的检测标准，常见的性能测试有防水性能、防油性能、耐水压性能、防污性能及易去污性能。目前常见测试标准见表8-1。

表 8-1　防水防油常用测试标准

防水性能测试	喷淋测试	GB/T 4745—2012	纺织品　防水性能的检测和评价　沾水法
		ISO 4920—2012（E）	纺织品　表面抗湿性测定（喷淋试验）
		AATCC 22—2017	拒水性　喷淋试验
		JIS L1092：2009	纺织物耐水性的试验方法
	抗润湿性测试	AATCC 193—2017	抗湿润性：防水/乙醇溶液
	邦迪斯门测试	GB/T 14577—1993	织物拒水性测定　邦迪斯门淋雨法
		ISO 9865—1991（E） BS EN29865—1993	纺织品　邦迪斯门雨淋试验
		DIN 53888（废止）	纺织品　邦迪斯门雨淋试验

防水性能测试	雨淋测试	GB/T 23321—2009　纺织品　防水性　水平喷射淋雨试验
		ISO 22958—2021（E）　纺织品　耐水性　雨淋试验：水平喷淋法
		AATCC 35—2018　防水：防止雨水渗透测试
	抗水冲击测试	GB/T 33732—2017　纺织品　抗渗水性的测定　冲击渗透试验
		ISO 18695—2007（E）　纺织物　防水渗透的测定　渗透作用试验
		AATCC 42—2017　拒水性：冲击渗水性测试
	耐水压测试	GB/T 4744—2013　纺织品　防水性能的检测和评价　静水压法
		ISO 811—2018（E）　纺织品　耐透水性的测定　静水压力试验
		AATCC 127—2017　抗水性：静水压法
拒油性能测试		GB/T 19977—2014　纺织品　拒油性　抗碳氢化合物试验
		ISO 14419—2010（E）　纺织品　拒油性　耐碳氢化合物试验
		AATCC 118—2020　拒油性　耐碳氢化合物试验
防污易去污性能测试	易去污测试	FZ/T 01118—2012　纺织品　防污性能的检测和评价　易去污性
		AATCC 130—2018　易去污测试标准及方法
	防污测试	GB/T 30159.1—2013　纺织品　防污性能的检测和评价　第1部分：耐沾污性
耐洗性能测试		GB/T 8629—2017　纺织品　试验用家庭洗涤和干燥程序
		ISO 6330—2021（E）　纺织品试验时家庭洗涤和干燥程序
		AATCC 135—2018　织物经家庭洗涤后尺寸变化的测定
		JIS L1930—2014　纺织品的家庭洗涤试验方法
		JIS L0217—1995　纺织品的注意事项提示标签

8.1 防水性能测试

8.1.1 沾水法/喷淋法

沾水法/喷淋法用于防水功能整理后的纺织品防拨水和沾水性能的测试，模拟防水整理纺织品在经受小雨环境时的沾水性能。

8.1.1.1 测试标准

沾水法/喷淋法常见的测试标准主要有国家标准 GB/T 4745—2012、欧洲标准 EN ISO 4920—2012（E）、美国标准 AATCC 22—2017 及日本标准 JIS L1092—2009。这几个标准的测试和评价方法大致相似，只是测试规定的测试水温略有差异，见表8-2。

表8-2　沾水法/喷淋法测试方法比较

项目	国家标准	欧洲标准	美国标准	日本标准
	GB/T 4745—2012	EN ISO 4920—2012（E）	AATCC 22—2017	JIS L1092—2009
测试设备	喷淋设备			
喷淋高度/mm	150			
测试时间/s	25～30			
测试水量/mL	250			
测试水温/℃	20±2 或 27±2	20±2 或 27±2	(27±1)[(80±2)℉]	(20±2)

8.1.1.2 测试设备

沾水法/喷淋法测试目前主要使用喷淋测试仪（图8-1），可以适用于以上4个测试标准。

8.1.1.3 测试方法

（1）将250mL蒸馏水倒入漏斗，检查喷头是否通畅，喷淋时间是否符合25～30s。

（2）将试样夹在环形夹上，向漏斗注入250mL蒸馏水，测试面料。

（3）取下环形夹，织物面朝下，对着硬物敲打一次，然后旋转180°，再

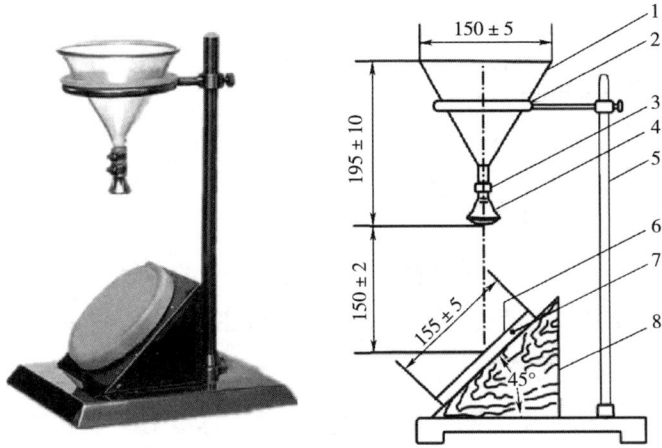

图 8-1　喷淋测试仪（单位：mm）

1—漏斗　2—托圈　3—橡胶管　4—喷头　5—支架　6—织物　7—环形夹　8—底托

敲打一次。

8.1.1.4　评价方法

测试结束后，观察布面沾湿情况，对比标准评级图片进等级评定。其中国家标准、欧洲标准、日本标准采用评级制，美国标准采用评分制。评级标准对比如图 8-2 所示。

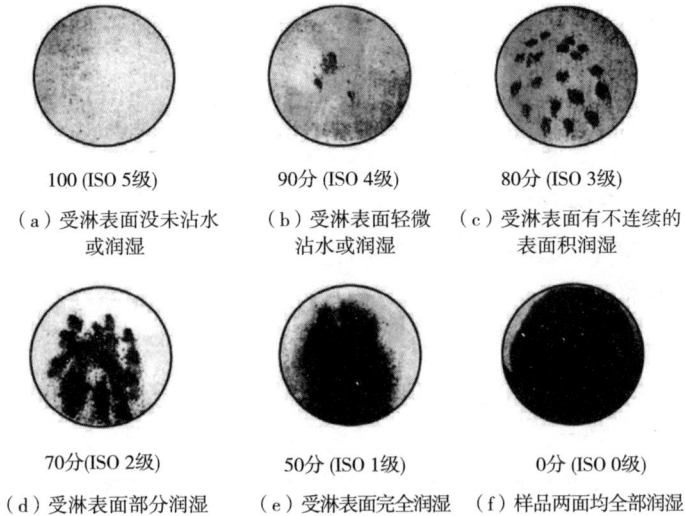

100 (ISO 5级)　　　　90分 (ISO 4级)　　　　80分 (ISO 3级)

（a）受淋表面没未沾水　（b）受淋表面轻微　（c）受淋表面有不连续的
　　　或润湿　　　　　　沾水或润湿　　　　　表面积润湿

70分(ISO 2级)　　　　50分 (ISO 1级)　　　　0分 (ISO 0级)

（d）受淋表面部分润湿　（e）受淋表面完全润湿　（f）样品两面均全部润湿

图 8-2　沾水法/喷淋法评级标准图

8.1.2　抗润湿性测试

抗水/乙醇溶液用于防水防油整理后的纺织品抗润湿性能测试，使用不同表面张力的水性溶液进行测试。

8.1.2.1　测试标准

抗润湿性常见测试标准是 AATCC 193—2017，医疗防护纺织用品和针织布防水测试使用较多。

8.1.2.2　测试溶液

抗润湿性测试溶液由纯水和异丙醇（IPA）按不同比例配制成，分别具有特定的表面张力，代表不同的测试等级。详见表 8-3。

表 8-3　AATCC 193 测试液配比和对应表面张力

等级	组成（水/IPA 体积比）	表面张力/（dyn/cm）
1	98/2	59.0
2	95/5	50.0
3	90/10	42.0
4	80/20	33.0
5	70/30	27.5
6	60/40	25.4
7	50/50	24.5
8	40/60	24.0

8.1.2.3　测试方法

（1）将测试布样平整地放于水平平滑表面上的吸墨水纸上。当评估稀薄织物，测试应至少在两层布面上进行，否则，测试液有可能润湿表面以下，而不是实际的测试织物，从而导致测试结果读数的混淆。

（2）在滴测试液之前，先戴好干净的化验室用手套，再用手沿布面刷去堆积的绒毛或织物表面堆积物。

（3）从最低级数的测试液开始（AATCC No.1），沿布样的纬向，在布面上三个位置小心滴三滴约直径 5mm 或体积 0.5mL 的测试液，液滴应分开约

4cm，点滴器尖端在滴液时应离布面约6mm，点滴器的尖端不能接触布面，并呈约45°，观察测试液，滴（10±2）s。

（4）如果在液滴与布面的界面没有渗透或润湿，且在液滴周围也没有发生芯吸现象，则在布面相邻位置滴高一级的测试液，再观察（10±2）s。

（5）继续上述程序直至在（10±2）s，内有一液滴在布面明显润湿或渗透。

8.1.2.4 评价方法（图8-3）

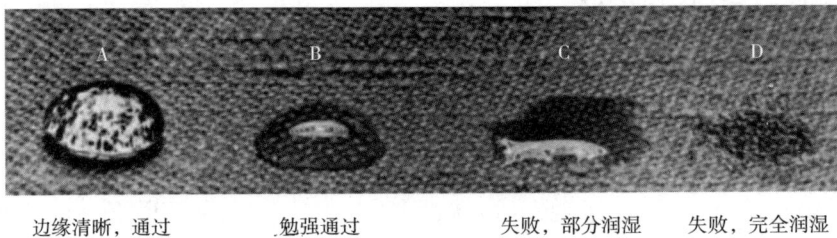

边缘清晰，通过　　　勉强通过　　　失败，部分润湿　失败，完全润湿

图8-3　AATCC 193评级标准图

8.1.3 邦迪斯门测试

纺织品邦迪斯门淋雨测试，是模拟在运动状态下，经受阵雨时织物的拒水性能，可以评估透过测试样品的吸水率、透水量及拒水性能。

8.1.3.1 测试标准

邦迪斯门主要应用的测试标准有国家标准GB/T 14577、国际标准ISO 9865及德国标准DIN 53888，三个标准的测试方法大致一样，见表8-4。

表8-4　邦迪斯门测试方法比较

项目	国家标准	欧洲标准	德国标准
	GB/T 14577	ISO 9865、BS EN 29865	DIN 53888（废止）
测试设备	人造淋雨器		
喷淋高度/mm	1500		
测试时间/min	1、5、10		
测试水温/℃	20±2 或 27±2		

8.1.3.2　测试设备及材料

以上三个标准都是使用人造淋浴器对纺织品进行测试评估，设备外形如图 8-4 所示。

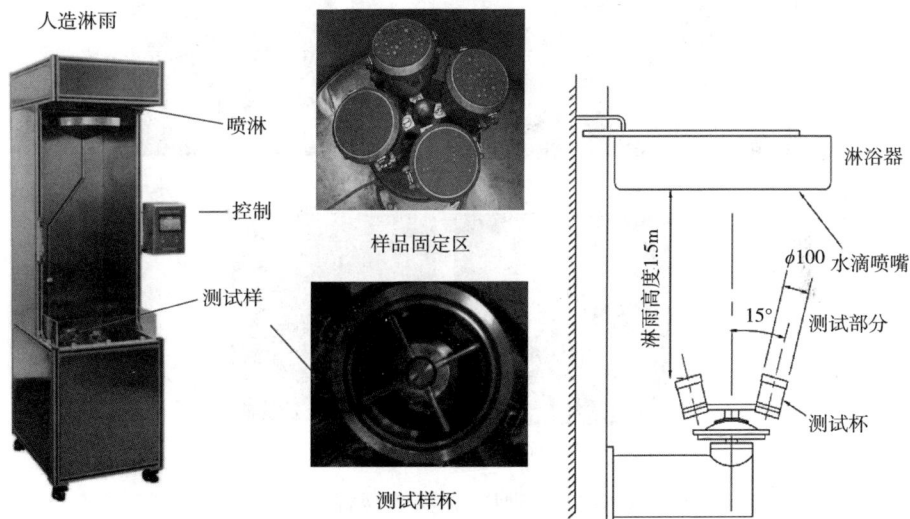

图 8-4　邦迪斯门测试仪器图

8.1.3.3　测试方法

（1）试样准备。从样品上剪取或割取平整无折皱的直径 140mm 的圆形试样至少 4 块。

（2）仪器校正。在试验或校验前，淋雨仪应先开 15min，以确保人造淋雨器及水温的一致性，然后测量样杯内收集的水量。按要求调节淋雨器，使在 2.5min 后每只样杯内有（200±10）mL 的积水。连续试验时，设备每天至少应校验 2 次，还应经常对滴水器的正常功能加以检查。

（3）操作程序。先校正流量，注意当全部试验结束，才可关闭淋雨器，移上挡雨板，称量调湿后试样的质量，精确至 0.01g。识别试样的被测试面后，平整地、无张力地放于样杯上，用合适的夹样环夹住试样，拉开挡雨板，使试样受淋 1min、5min、10min。

8.1.3.4　评价方法

人造淋雨器测试完成后，性能评价包含三个项目，拒水性能、面料吸水率及面料透水量，评价方法如下。

（1）拒水级数及受淋面（图 8-5）。

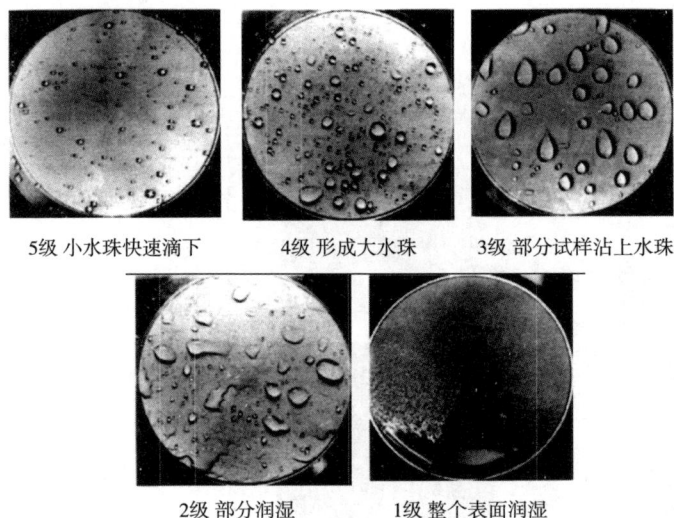

5级 小水珠快速滴下　　　4级 形成大水珠　　　3级 部分试样沾上水珠

2级 部分润湿　　　　1级 整个表面润湿

图 8-5　邦迪斯门拒水评级标准图

（2）面料透水量。以样杯中所收集的水为面料透水量，按毫升计量。

（3）面料吸水率 W，以质量百分比表示，公式如下：

$$W = (m_2 - m_1)/m_1 \times 100\%$$

式中：m_1——试样试验前的质量，g；

m_2——试样试验后的质量（即湿重），g。

8.1.4　雨淋测试

雨淋测试是模拟雨水从水平方向喷向垂直固定在不锈钢槽内的待测织物。检测纺织物材料的雨水渗透防护能力，或检测在不同雨水压力作用下，织物或复合材料的拒水性能。

8.1.4.1　测试标准

雨淋测试主要使用的标准有国家标准 GB/T 23321、国际标准 ISO 22958 及美国标准 AATCC 35，三个测试标准所使用的测试仪器和方法也是相同的，测试条件见表 8-5。

表 8-5　雨淋测试方法比较

项目	国家标准	国际标准	美国标准
	GB/T 23321—2009	ISO 22958—2021（E）	AATCC 35—2018
测试设备	雨淋测试仪		
喷淋距离（水平）/mm	305		
测试时间/min	2、5		
测试温度（水温）/℃	20±2 或 27±2		

8.1.4.2　测试设备及材料

雨淋测试使用专用的雨淋测试仪，仪器配有垂直的水压控制装置和水平淋雨喷头，设备外观和详细尺寸数据如图 8-6 所示。

单位：mm

1. 过流水
2. 试样夹持器
3. 喷嘴（13孔）
4. 阀门控制器
5. 铜制阀杆
6. 进水口
7. 耐热玻璃器
8. 0.6m处的阀门

雨淋测试仪

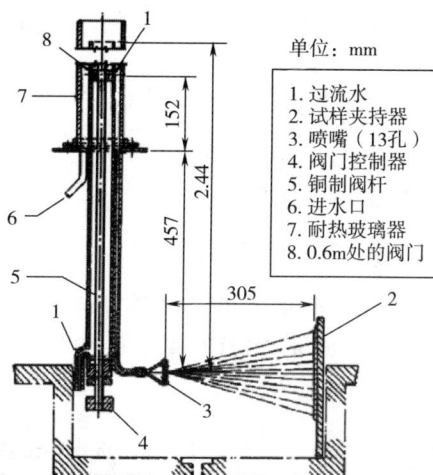

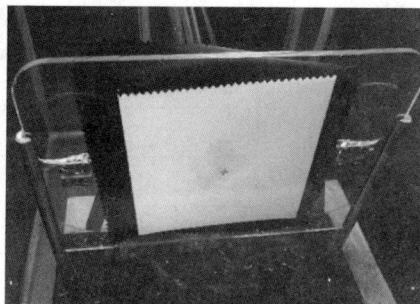

图 8-6　雨淋测试仪器图

8.1.4.3　测试方法

（1）仪器调试。将水压调整到所需的压力，水柱量可由 600mm（24 英寸）以 300mm（12 英寸）的增量调至 2400mm（96 英寸），水柱中的水经标准喷头喷射形成雨，平衡运行 5min。

（2）试样放置。试样背面紧贴着标准吸滤纸，测试前需称重，记录重量 M_1（精确到 0.01g）。

（3）喷洒水柱开始测试，在控制条件下用水喷洒 2min 或 5min，重新称量吸水纸重量 M_2（精确到 0.01g）。

8.1.4.4　评价方法

雨淋测试评价方法是计算试样测试后的透水量（或者吸水纸的增重量）。

$$M = M_2 - M_1$$

式中：M_1——试样背面标准吸滤纸测试前称重，g；

　　　M_2——试样背面标准吸滤纸测试后称重，g。

8.1.5　拒水测试（抗冲击渗透测试）

抗水冲击渗透测试可以用来预测织物抗雨水的渗透性，尤其适用于检测服装织物的抗水渗透性。

8.1.5.1　测试标准

抗水冲击渗透测试常见测试标准有国家标准 GB/T 33732、国际标准 ISO 18695、美国标准 AATCC 42，三个标准测试评价方法和测试设备也是相同的，测试条件见表 8-6。

表 8-6　抗水冲击渗透测试方法比较

项目	国家标准	国际标准	美国标准
	GB/T 33732—2017	ISO 18695—2007（E）	AATCC 42—2017
测试设备	冲击渗水测试仪		
喷淋高度/mm	600		
测试水量/mL	500		
测试时间/min	1		
测试水温/℃	20±2 或 27±2		

8.1.5.2　测试设备及材料

抗水冲击渗透测试使用设备为冲击渗水测试仪（图 8-7）。

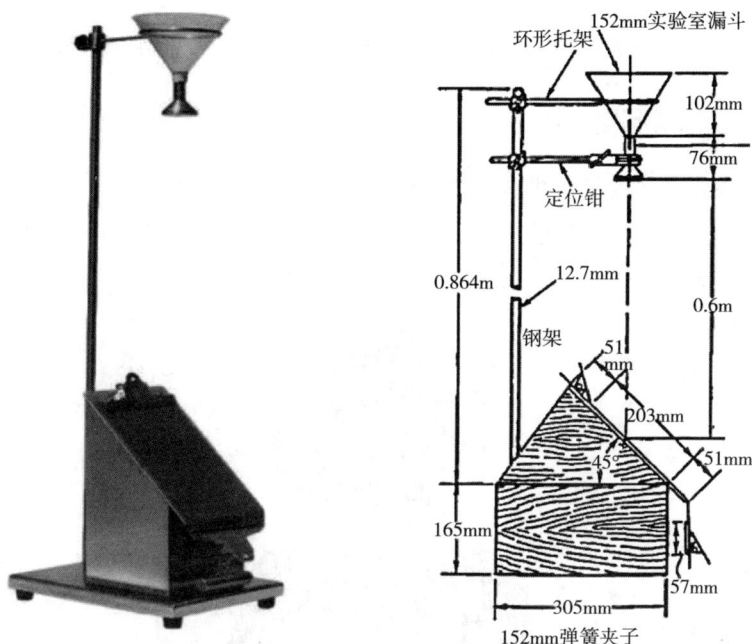

图 8-7　抗水冲击渗透测试仪器图

8.1.5.3　测试方法

（1）试样后面放一张已称重的吸水纸，吸水纸测试前称重 M_1（精确到 0.01g）。

（2）将 500mL 纯水喷淋到试样的绷紧表面，淋水结束后，重新称量吸水纸重量 M_2（精确到 0.01g）。

8.1.5.4　评价方法

抗水冲击渗透测试评价方法是计算样品渗透的水量（吸水纸增重）M。

$$M = M_2 - M_1$$

式中：M_1——吸水纸测试前质量，g；

　　　M_2——吸水纸测试后质量，g。

8.2 耐静水压测试

耐静水压测试常用于帆布面料防水后和防水后涂层面料的水压效果测试。

8.2.1 测试标准

耐静水压常用测试标准有国家标准 GB/T 4744，国际标准 ISO 811 以及美国标准 AATCC 127，三个标准的测试仪器大致一样（图8-8），测试条件见表8-7。

图 8-8　水压测试仪器图

表 8-7　耐静水压测试方法比较

项目	国家标准	国际标准	美国标准
	GB/T 4744—2013	ISO 811—2018（E）	AATCC 127—2017
测试仪器	耐水压测试仪		
测试温度（水温）/℃	20±2 或 27±2	20±2 或 27±2	21±2
平行样数量/块	5	5	3

8.2.2 测试方法

（1）擦净夹持表面的实验用水，夹持试样，使试样的正面与水接触。

（2）以 60cm H_2O/min 的水压上升速率对试样施加持续递增的水压，并观察渗水现象。

（3）升压过程中，试样上第三处水珠刚出现时，停止升压，并记录此时的静水压值。

8.3 拒油性能测试

评定织物对所选取的一系列不同表面张力的液态碳氢化合物的抗吸收能力，为抗油沾污性能提供指导，能给出一个粗略的拒油等级。通常拒油等级越高，试样抵抗油类材料，尤其是抗液态油类物质沾污的性能越好。

8.3.1　测试标准

抗碳氢化合物，通常称作防油测试，常用的测试标准有国家标准 GB/T 19977、国家标准 GB/T 12799、国际标准 ISO 14419 以及美国标准 AATCC 118，几种标准的测试特点见表 8-8。

表 8-8　拒油测试方法比较

项目	国家标准	国际标准	美国标准	国家标准
	GB 19977—2014	ISO 14419—2010（E）	AATCC 118—2020	GB/T 12799—1991（废止）
测试材料	液体碳氢化合物试剂		矿物油/正庚烷	
观察时间/s	30±2		30±2	
测试结果	等级		分数	

8.3.2　测试材料

拒油测试主要使用不同表面张力的标准碳氢化合物对织物进行润湿试验，其中国家标准 GB/T 19977、国际标准 ISO 14419 及美国标准 AATCC 118 使用同一系列标准油，见表 8-9。GB/T 12799 使用另外一个系列标准油，见表8-10。

表 8-9　防油测试试剂（AATCC 118、ISO 14419、GB 19977）

标准测试液成分	等级	表面张力/（mN/m）
矿物油透过	0	—
矿物油	1	31.5
65%矿物油：35%正十六烷	2	29.6
正十六烷	3	27.3
正十四烷	4	26.4
正十二烷	5	24.7
正癸烷	6	23.5
正辛烷	7	21.4
正庚烷	8	19.75

表 8-10　防油测试试剂（GB/T 12799—1991）

矿物油/正庚烷	分值	表面张力/（mN/m）
100/0	50	31.5
90/10	60	30.33
80/20	70	29.16
70/30	80	27.99
60/40	90	26.82
50/50	100	25.65
40/60	110	24.48
30/70	120	23.31
20/80	130	22.14
10/90	140	20.97
0/100	150	19.75

8.3.3　测试方法

（1）把一块试样正面朝上平放在白色吸液垫上，从编号 1 的油试液开始，在代表试样物理和染色性能的 5 个部位上，小心地滴加 5 小滴（直径约 0.5mm 或体积 0.05mL），液滴之间间隔大约 4.0cm。在滴液时，吸管口应保持距试样表面 6mm 的高度，不要碰到试样。以约 45°观察液滴（30±2）s，评定。

（2）如果试样对该级油试液"有效"或"可疑的有效"，则在液滴附近不影响前一个试验的地方滴加高一个等级的试液，再观察（30±2）s，直到有一种试液在（30±2）s 内使试样"无效"。

（3）试样拒油等级的确定。试样的拒油等级是在（30±2）s 期间未湿润试样的最高编号试液的数值，即以"无效"试液的前一级的"有效"试液的编号表示。当试样为"可疑的有效"时，以该试液的编号减去 0.5 表示试样的拒油等级。当用白矿物油（编号 1）试液，试样为"无效"时，试样的拒油等级为"0"级。

8.3.4　评价方法

拒油性能评级标准可参考图 8-9 进行评定。

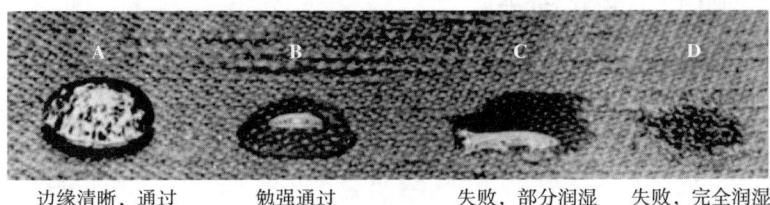

| A | B | C | D |
| 边缘清晰，通过 | 勉强通过 | 失败，部分润湿 | 失败，完全润湿 |

图 8-9　拒油评级标准图

试样对某级油液是否"有效"的评定如下（结合评价方法图示）。

（1）无效。5 个液滴中有 3 个（或 3 个以上）液滴为 C 类和（或）D 类。

（2）有效。5 个液滴中有 3 个（或 3 个以上）液滴为 A 类。

（3）可疑的有效。5 个液滴中有 3 个（或 3 个以上）液滴为 B 类。

8.4　易去污性能测试

8.4.1　测试标准

易去污性能测试用于测试织物被沾污后，在擦拭或洗涤过程中去除油污的能力。易去污性能常用测试标准有国家标准 FZ/T 01118—2012 和美国标准 AATCC 130—2018。测试条件见表 8-11。

表 8-11　易去污性能测试条件

项目	国家标准		美国标准
	FZ/T 01118—2012		AATCC 130—2018
测试方法	洗涤法	擦拭法	洗涤法
测试污渍	A 花生油；B 炭黑机油	老抽	玉米油
洗涤方法	GB/T 8629 4M	—	AATCC 135 水洗程序
洗衣粉用量/g	20±2		100±1
干燥方法	平摊晾干		烘干
测试结果	等级		

8.4.2　测试与评价方法

（1）FZ/T 01118—2012 洗涤法。

①将吸液滤纸水平放置在试验台上，取 2 块试样，分别置于吸液滤纸上，在每块试样的 3 个部位上，分别滴下约 0.2mL（4 滴）污液，各部位间距至少为 100mm。

（注：试验台面的材料不具有吸液性）

②在污液处覆上塑料薄膜，将平板置于薄膜上，再压上重锤，（60±5）s 后，移去重锤、平板和薄膜，将试样继续放置（20±2）min。选一处沾污部位，用变色用灰色样卡评定其与未沾污部位的色差，记录为初始色差。

③按 GB/T 8629—2018 中规定的 4M 程序对两块试样进行洗涤，ECE 标准洗涤剂的加入量为（20±2）g。洗涤完成后平摊晾干，应确保试样表面平整无褶皱。

④用变色用灰色样卡分别评定每块洗涤后试样未沾污部位与三处沾污部位的色差。

（2）FZ/T 01118—2012 擦拭法。

①将试样平整的放置在吸液滤纸上，用滴管滴下约 0.05mL（1 滴）的污液于试样中心。

②用玻璃棒将液滴均匀涂在直径约 10mm 的圆形区内，对于自行扩散开的液滴，则无需涂开。

③将试样平摊晾干，用变色用灰色样卡评定沾污部位与未沾污部位的色差，记录为初始色差。

④用水将棉标准贴衬织物浸湿，使其带液率为 85%±3%。

⑤使用棉标准贴衬织物朝同一个方向用力擦拭被沾污部位，棉标准贴衬织物每擦一次需换到另一个干净部位继续擦拭，共擦拭 30 次。

⑥用变色用灰色样卡评定未沾污部位与擦拭后试样圆形污区的色差。

（3）AATCC 130—2018 洗涤法。

①将未染污的试样布平整地放在 AATCC 白色吸墨纸上，表面水平。

②用医用点滴器，滴 5 滴（大约 0.2mL）玉米油在大约测试布样的中心位置。

③放一块（3.0×3.0 英寸）玻璃纸于污渍区上面。

④将砝码放于污渍区上的玻璃纸上面。

⑤在砝码放置（60±5）s 后，移开砝码，丢弃玻璃纸片。

⑥不允许测试样布相互接触以转移污点，染污后（20±5）min 洗水。

⑦按 AATCC 135 水洗方法进行水洗，放水至高水位，加（100±1）g 洗涤剂于洗衣机。

⑧水洗后烘干，取出试样布，平放以防止形成折痕或皱折，而影响防油污评级，在烘干后 4h 内进行评估。

⑨评价。样布所染污渍与评级卡比较，评价易去污等级如图 8-10 所示。

图 8-10　AATCC 130 易去污评级卡

8.5　防污性能测试

防污性能测试用于评价纺织品防止液态或固态污物沾污的性能。

8.5.1　测试标准

防污性能测试标准一般使用国家标准 GB/T 30159.1—2013，见表 8-12。

表 8-12 GB/T 30159.1—2013 测试方法

项目	测试方法	
沾污污渍	固态沾污法	液态沾污法
测试设备	标准翻转箱	
污渍	（a）附录 A 标准配制污渍 （b）GB/T 7044 高色素炭黑	（a）GB 1534 一级压榨成品油 （b）GB 18186 高盐稀态发酵酱油

8.5.2 测试方法

（1）固态沾污法。

①将试样测试面朝上平整地放置在试样固定片上，使其覆盖 3 个凸起部位，用试样固定片包合筒身，使试样固定在试验筒上，再用胶带将试样固定片的两端封合。

②向试验筒底部加入（40±2）mg 的固态污物，盖好筒盖，将试验筒装入防护袋内，扎紧袋口。

③将装有试验筒的防护袋放入翻转箱中，使筒身的轴向平行于翻转箱的水平轴，关闭箱盖。

④启动翻转箱，转动 200 次后停止，取出试样。

⑤用吹风机吹去附在试样表面上的污物，进行评级。

⑥评级。用变色用灰色样卡评定试样沾污区中央部位与未沾污部位的色差，如果有少数沾污深斑，则不计入评级范围。对每块试样进行评级，如果有 2 处或 3 处沾污区的级数相同，则该级数为该试样的级数；如果 3 个沾污区级数均不相同，则取中间值作为该试样的级数。取两个试样中较低级数作为样品的试验结果。

（2）液态沾污法。

①将 2 层滤纸置于光滑的水平面上，再将试样正面朝上平整地放置在滤纸上。

②根据需要选择一种或两种污液。用滴管分别在试样的 3 个部位滴下约 0.05mL（1 滴）污液，各液滴间距至少为 50mm。滴液时，滴管口距试样表面约 6mm。

③试样静置（30±2）s 后，以约 45°角观察每个液滴，进行评级。

8.5.3　沾污等级评定

5 级　液滴清晰，具有大接触角的完好弧形，液滴与试样接触表面没有润湿；

4 级　液滴与试样接触表面部分或全部发暗，约四分之三液滴量保留在试样表面；

3 级　液滴与试样接触表面部分或全部发暗，约二分之一液滴量保留在试样表面；

2 级　液滴与试样接触表面部分或全部发暗，约四分之一液滴量保留在试样表面；

1 级　液滴消失在试样表面，全部润湿。

8.6　耐洗性能测试

防水防油功能整理织物进行耐洗测试的水洗方法是参考纺织品的水洗处理方法。

8.6.1　测试标准

耐洗测试参考标准有国家标准 GB/T 8629—2017、国际标准 ISO 6330—2021（E）、美国标准 AATCC 135—2018 以及日本标准 JIS L1930—2014 和 JIS L0217—1995。标准测试条件见表 8-13。

表 8-13　耐洗测试标准对比

项目	国家标准	国际标准	美国标准	日本标准	
	GB/T 8629—2017 4N	ISO 6330—2021（E）4N	AATCC 135—2018	JIS L1930—2014 4N	JIS L0217—1995-103
测试设备	A 型洗衣机水平滚筒	A 型洗衣机水平滚筒	涡轮洗衣机	A 型洗衣机水平滚筒	家庭洗衣机
洗衣粉用量/g	20±1	20±1	66±1	20±1	20±1
水洗温度/℃	40±3	40±3	41±3	40±3	40
洗涤程序	4N	4N	—	4N	—

8.6.2　测试设备及材料

（1）A 型标准洗衣机。水平滚筒前门加料，如图 8-11 所示。

图 8-11　A 型标准洗衣机

（2）AATCC 标准涡轮洗衣机（图 8-12）。

图 8-12　AATCC 标准洗衣机

（3）JIS 9606 家用洗衣机（图 8-13）。

8.7　PFOA/PFOS/PFCs 检测方法

防水防油剂加工过程中并未使用 PFOA 或 PFOS 这类原料，只在使用的全氟丙烯酸原料中含有极其微量的 PFOA 或 PFOS。这主要是在全氟丙烯酸原料

图 8-13　JIS 9606 家用洗衣机

的合成过程中，发生了副反应而产生了这类杂质。而这个副反应无法避免，这就导致了防水防油剂中也会含有极其微量的 PFOA 和 PFOS 杂质。近年来，随着环境科学界对其研究的日益深入，人们逐渐认识到 PFOS 和 PFOA 这类化合物具有难降解性、生物蓄积性和沿食物链在生物体内富集的作用，其所造成的环境污染已遍及全球生态系统。所以在使用防水防油剂时，就需要测试 PFOA 或 PFOS 这类有害物质的含量，纺织品和纺织化学品测试标准和方法如下。

8.7.1　测试标准

主要的测试方法汇总见表 8-14。

表 8-14　PFOA/PFOS 主要的测试方法

编号	标准号	标准名称
1	GB/T 24169—2009	氟化工产品和消费品中全氟辛烷磺酰基化合物（PFOS）的测定高效液相色谱—串联质谱法
2	GB/T 28606—2012	涂料中全氟辛酸及其盐的测定高效液相色谱—串联质谱法
3	GB/T 29493.2—2013	纺织染整助剂中有害物质的测定第 2 部分：全氟辛烷磺酰基化合物（PFOS）和全氟辛酸（PFOA）的测定高效液相色谱—质谱法
4	SN/T 2392—2009	进出口化工产品中全氟辛烷磺酸的测定液相色谱—质谱/质谱法

编号	标准号	标准名称
5	SN/T 2842—2011	纺织品中全氟辛烷磺酸和全氟辛酸的测定 液相色谱—串联质谱法
6	ISO 25101—2009（E）	水质 全氟辛烷磺酸（PFOS）和全氟辛酸（PFOA）的测定 使用固相萃取和LC/MS法测定水样的方法

8.7.2 测试方法

样品剪碎，称量→萃取，浓缩处理→检测。

8.7.2.1 萃取方法

（1）固相萃取。固相萃取（SPE）是利用固体吸附剂将液体样品中的目标化合物吸附，使样品的基体和干扰化合物分离，再用洗脱液洗脱或加热解吸附，从而达到分离和富集目标化合物的目的。

（2）液—液萃取。液—液萃取（LLE）是经典的样品处理技术。LLE技术利用样品中不同组分在两种不混溶溶剂中的溶解度或分配系数不同来达到分离、提取或纯化的目的，常用于样品中被测物质与基质的分离。

（3）加速溶剂萃取。加速溶剂萃取（ASE）是一种在提高温度（50~200℃）和压力（10.3~20.6MPa）下用溶剂萃取固体或半固体样品中有机物的方法。

（4）超声萃取。超声萃取（USE）是利用超声波辐射压强产生的强烈空化效应、扰动效应、高加速度、击碎和搅拌作用等多级效应增大物质分子的运动频率和速度，增加溶剂的穿透力，从而加速目标成分进入溶剂，促进提取。

（5）衍生化技术。衍生化技术通过化学反应将样品中难以分析检测的目标化合物定量地转化成易于分析检测的化合物，通过后者的分析检测可以对目标化合物进行定性和（或）定量分析。

8.7.2.2 检测方法

（1）LC法。由于全氟类化合物本身既无紫外活性又无荧光活性，因此通常采用单纯的液相色谱法难以达到精确定量检测的目的，必须在经过一定预处理的基础上与一些特定的检测器联用，使用较多的技术手段，包括液相色谱—电导检测器（LC—CD）、液相色谱—紫外检测器（LC—UVD、液相色谱—荧光检测器（LC—FID）等。

（2）GC 法。目前 GC 法有很多种检测器，其中常用的检测器是氢火焰离子化检测器（FID）、热导检测器（TCD）、氮磷检测器（NPD）、火焰光度检测器（FPD）和电子捕获检测器（ECD）等。其中由于 ECD 对有机氟化物有较高响应，灵敏度高且价格低廉，故可用来检测 PFOA 及 PFOS。但 PFOA 和 PFOS 自身是非挥发性的，对于它们的分析，要通过衍生的方法使其甲基化后才能进行分析。

（3）GC—MS 法。由于全氟化合物自身是非挥发性的，因此要通过衍生的方法使 PFCs 成为 PFCs 的甲基酯才可以进行 GC—MS 检测，步骤烦琐，衍生化过程会产生有毒物质，且线性范围窄，不适于含量范围较宽的污水中 PFCs 的监控，因而气相方法在一定程度上受到局限。

（4）HPLC—MS。该方法是以 MS 为液相检测器，具有较高的灵敏度，可根据不同的测试情况选择配置不同的离子源，如电喷雾电离（ESI）、大气压化学电离（APCI）、质量分析器离子肼、四级杆（APP）等。

（5）液相色谱—串联质谱法。串联质谱法（LC—MS 或 HPLC—MS）是目前文献报道中使用最为广泛的一种全氟类化合物定量检测方法。它可以定量地检测环境基质、生物组织、化学品及纺织品等物质中的全氟有机物。相关数据表明，虽然液相色谱—串联质谱法所使用的仪器设备较为昂贵，但该法的选择性和灵敏度均很高，对样品的前处理要求较低、检测范围大、检测极限低，能提供相比单级 MS 更详细的结构信息，已经得到国内外许多研究者的青睐。目前，利用（高效）液相色谱—串联质谱法对全氟类化合物建立定量检测的方法已成为相关领域内学者的研究热点之一。

第9章

防水防油服装及面料测试标准

在经过防水防油加工提升了纺织品的附加值后，国内针对不同的服装和面料用途也制定了相关的性能测试标准，目前主要适用的服装和面料测试标准见表9-1。

表9-1　防水防油服装及面料性能要求测试标准

编号	标准号	标准用途
1	FZ/T 81010—2018	《风衣》测试标准
2	GB/T 32614—2016	《户外运动服装　冲锋衣》测试标准
3	GB 12799—1991（废止）	《抗油拒水防护服安全卫生性能要求》测试标准
4	GB/T 28895—2012	《防护服装　抗油易去污防静电防护服》测试标准
5	GA 362—2009	《警服材料　防水透湿复合布》测试标准
6	FZ/T 14021—2021	《防水、拒油、防污、免烫印染布》测试标准
7	FZ/T 24012—2021	《拒水、拒油、抗污山羊绒针织品》测试标准
8	FZ/T 14023—2021	《涤（锦）纶防水透湿雨衣面料》测试标准
9	GB/T 28464—2012	《纺织品　服用涂层织物》测试标准

9.1 风衣测试标准

FZ/T 81010—2018标准内规定了风衣的要求、检测方法和检验规则，其中明确规定了防水性能和耐水压性能的检测方法和合格标准，见表9-2。

表9-2 风衣测试标准（FZ/T 81010—2018）内容

	防水要求	耐水压要求	耐洗要求
	GB/T 4745—2012 ≥4 级	GB/T 4744—2013 面料部位： 优等品≥50kPa 一等品≥35kPa 合格品≥20kPa	GB/T 8629—2017 4N 连续 3 次 悬挂晾干

9.2 户外运动服装 冲锋衣测试标准

GB/T 32614—2016 由全国体育用品标准化技术委员会提出，标准内规定了户外服装冲锋衣的要求和检验规则等，对防水性能和耐水压性能的要求见表9-3。

表9-3 户外运动服装 冲锋衣测试标准（GB/T 32614—2016）内容

	防水要求	耐水压要求	耐洗要求
	GB/T 4745—2012 Ⅰ级：洗前≥4 级 洗后≥3 级 Ⅱ级：洗前≥4 级	GB/T 4744—2013 面料部位： Ⅰ级：洗前≥50kPa 洗后≥40kPa Ⅱ级：洗前≥30kPa 洗后≥20kPa	GB/T 8629—2017 4N 连续 3 次 悬挂晾干

9.3 抗油拒水防护服安全卫生性能测试标准

GB 12799—1991（废止）规定了该类服装的防水防油性能要求，其中防油性能采用评分制，具体要求见表9-4。

表 9-4　抗油拒水防护服安全卫生性能测试标准（GB 12799—1991）内容

防水要求	防油要求	耐洗要求
GB/T 4745—2012 洗前≥5 级 洗后≥1 级，背面不渗水	GB 12799—1991 洗前≥130 分（抗机油、柴油） 洗后≥80 分	家用双桶洗衣机 水洗 30 次 晾干或烘干

9.4 防护服装 抗油易去污防静电防护服测试标准

GB/T 28895—2012 规定了防油和易去污性能要求，具体性能见表 9-5。

表 9-5　防护服装 抗油易去污防静电防护服测试标准（GB/T 28895—2012）内容

防油要求	易去污要求	耐洗要求
GB/T 19977—2014 洗前≥7 级 洗后≥5 级	FZ/T 01118—2012（机油碳黑） 洗后：深色≥3~4 级 浅色≥3 级	GB/T 8629—2017 4N 水洗 30 次 悬挂晾干

9.5 警服材料 防水透湿复合布测试标准

GA 362—2009 规定了服装面料的防水和耐水压要求，具体见表 9-6。

表 9-6　警服材料 防水透湿复合布测试标准（GA 362—2009）内容

防水要求	耐水压要求	耐洗要求
GB/T 4745—2012 洗前≥4 级 洗后≥2 级	FZ/T 01004—2008 ≥60kPa	GB/T 8629—2017 4N 连续 5 次 自然晾干

9.6 防水、拒油、防污、免烫印染布测试标准

FZ/T 14021—2021 规定了该类面料的防水防油和易去污性能要求，具体见表9-7。

表9-7　防水、拒油、防污、免烫印染布测试标准（FZ/T 14021—2021）内容

防水要求	防油要求	易去污要求	耐洗要求
GB/T 4745—2012 优等品：洗前≥5， 　　　洗后≥4 一等品：洗前≥4， 　　　洗后≥3 二等品：洗前≥3， 　　　洗后≥2	GB/T 19977—2014 优等品：洗前≥6， 　　　洗后≥3.5 一等品：洗前≥5， 　　　洗后≥3 二等品：洗前≥4， 　　　洗后≥2.5	FZ/T 01118—2012 （机油+碳黑） 优等品：洗前≥4~5 　　　洗后≥3~4 一等品：洗前≥4， 　　　洗后≥3 二等品：洗前≥3~4 　　　洗后≥2	GB/T 8629—2017 4N 连续10次 翻滚烘干

9.7 拒水、拒油、抗污山羊绒针织品测试标准

FZ/T 24012—2010 规定了该类面料的防水防油和防污性能要求，具体见表9-8。

表9-8　拒水、拒油、抗污羊绒针织品测试标准（FZ/T 24012—2021）内容

防水要求	防油要求	抗污要求	耐洗要求
GB/T 4745—2012 洗前≥4级 洗后≥3级	GB/T 19977—2014 洗前≥4级 洗后≥3级	附录A 洗前≥4级 洗后≥3级	GB/T 8629—2017 4G 1次 平铺晾干，熨烫

9.8 涤（锦）纶防水透湿雨衣面料测试标准

FZ/T 14023—2012 规定了该类面料的防水和耐水压性能要求，具体见表 9-9。

表 9-9 涤（锦）纶防水透湿雨衣面料测试标准（FZ/T 14023—2012）内容

防水要求	耐水压要求	耐洗要求
GB/T 4745—2012 洗前≥4 级 洗后≥2 级	GB/T 4744—2013 面料部位： 洗前≥50kPa 洗后≥20kPa	GB/T 8629—2017 5M 连续 5 次 悬挂晾干

9.9 纺织品 服用涂层织物测试标准

GB/T 28464—2012 规定了该类面料的防水和耐水压性能要求，具体见表 9-10。

表 9-10 纺织品 服用涂层织物测试标准（GB/T 28464—2012）内容

防水要求	耐水压要求	耐洗要求
GB/T 4745—2012 Ⅰ型≥3 级 Ⅱ型≥4 级 Ⅲ型≥3 级 Ⅳ型≥4 级	Ⅰ型 洗前≥15kPa Ⅱ型 洗前≥30kPa 　　 洗后≥15kPa Ⅲ型 洗前≥30kPa 　　 洗后≥15kPa Ⅳ型 洗前≥60kPa 　　 洗后≥25kPa	GB/T 8629—2107 4M 连续 3 次 摊平晾干

◆ 参考文献 ◆

［1］杨栋樑．纺织品疏水化技术的进展（一）［J］．印染，2011（24）：46.

［2］杨栋樑．纺织品疏水化技术的进展（二）［J］．印染，2012（1）：51-52.

［3］杨栋樑．纺织品疏水化技术的进展（三）［J］．印染，2012（2）：47-48.

［4］杨栋樑．拒水和拒油整理（一）［J］．印染，1987（2）：49-50.

［5］杨栋樑．拒水和拒油整理（二）［J］．印染，1987（3）：52-53.

［6］陈荣圻．纺织品全氟防水拒油整理剂及其安全性（一）［J］．印染，2007（20）：45-48.

［7］陈荣圻．PFOS与PFOA替代品取向新进展［J］．印染助剂，2012（12）：2-8.

［8］陈荣圻．PFOS的禁用及相关产品的替代（二）［J］．印染，2008（19）：35-37.

［9］陈荣圻．PFOS的禁用及相关产品的替代（三）［J］．印染，2008（20）：42-44.

［10］陈荣圻．纺织品全氟防水拒油整理剂及其安全性（一）［J］．印染，2007（20）：45-48.

［11］陈荣圻．纺织品全氟防水拒油整理剂及其安全性（二）［J］．印染，2008（21）：47.

［12］王维林．国内外含氟织物整理剂发展概况［J］．有机氟工业，1995（3）：22-23.

［13］久保元伸．含氟防水防油剂（Ⅰ）—关于防水防油性能的机理［J］．印染，1995（12）：37-41.

［14］久保元伸．含氟防水防油剂（Ⅱ）—纤维的特性与防水加工［J］．印染，1996（4）：40-44.

［15］久保元伸，柏木正人．含氟防水防油剂（Ⅲ）—防水防油加工的实际应用加工［J］．印染，1996（11）：38-39.

［16］李春英，李祺．氟化合物制备及应用［M］．北京：化学工业出版社，2010.

［17］梁晓杰，姚金波．含氟易去污整理剂研究进展［J］．针织工业，2016（6）：47-48.

［18］MORITA M，OGISU H，KUBO M. Surface Properties of Perfluoroalkylethyl Acrylate/n-Alkyl Acrylate Copolymer［J］. Journal of Applied Polymer Science，1999（73）：1741-1749.

［19］顾子旭．含氟（甲基）丙烯酸酯共聚物表面特性研究［D］．苏州：苏州大学，2017.

［20］SAKASHITA H，MORITA M，KUBO M. Mechanism for Soil Release of Fluoroalkyl Acrylate/PEG Methacrylate Copolymers［J］. Journal of Oleo Science，2001（50）：57-64.

［21］章杰．近10年禁用含氟整理剂的新法规—新替代品和新问题（续一）［J］．印染助剂，2018（2）：8-12.

［22］邓红霞，郑冬芳，徐娇，等．PFOS相关法规及其替代品研究进展［J］．浙江化工，2021（7）：1-3.

［23］吴克安，张恒．"C8"类全氟碳化合物何去何从［J］．有机氟工业，2008（3）：23.

［24］李津津，肖山，肖鑫，等．姚素梅全氟辛酸国内外限制情况综述［J］．有机氟工业，2021（3）：56-58.

［25］邢航，窦增培，肖子冰，等．我们该如何看待全氟或多氟烷基物质（PFAS）［J］．日用化学工业，2021（1）：49-51.

［26］美国EPA发布长链全氟烷基羧酸盐（LCPFAC）和全氟烷基磺酸盐化学品的SNUR修正案［EB/OL］．SGS官网．2020-9-29.

［27］欧盟REACH附录17再增全氟化合物（PFCAs）限制［EB/OL］．BV微信公众号．2021-8-5.

［28］PFOA正式成为POP法规管控物质［EB/OL］．CIRS瑞旭集团官网．2020-7-3.

［29］PFHxA的管控进展［EB/OL］．BV微信公众号．2021-9-22.

［30］长链全氟烷基羧酸盐（LCPFAC）和全氟烷基磺酸盐的SNUR修正案［EB/OL］．瑞欧科技官网．2020-8-17.

［31］欧盟REACH法规附录XVII再增PFCAs限制［EB/OL］．佳誉检测微信

公众号 . 2021-8-6.

［32］史元元，梁成锋，顾子旭，等 . 环保型有机氟多功能整理剂的研究进展 ［J］. 有机氟工业，2011（1）：39-40.

［33］PFHxA 和 PFOA 安全性数据 ［EB/OL］. 大金工业株式会社官网 .

［34］HONDA M，MORITA M，OTSUKA H，TAKAHARA A. Molecular Aggrega- tion Structure and Surface Properties of Poly（fluoroalkyl acrylate）Thin Films ［J］. Macromolecules，2005（38）：5704.

［35］ZDHC 介绍 ［EB/OL］. ZDHC 官网 .

［36］Standard 100by OEKO-TEX Edition 01. 2022 ［EB/OL］. oeke-tex 官网 .

［37］高铭 . 拒水拒油和易去污整理产品性能要求和评价 ［J］. 印染，2007 （15）：33-34.